Being

「リーダー」をやめると、うまくいく。

Management

渡辺雅司　船橋屋 代表取締役八代目当主

PHP

Being Management

わしは、バカボンのパパなのだ
この世は　むずかしいのだ
わしの思うようにはならないのだ
でも　わしは大丈夫なのだ
わしはいつでもわしなので　大丈夫なのだ
これでいいのだと言ってるから大丈夫なのだ
あなたもあなたでそれでいいのだ

それでいいのだ
それでいいのだ

わしはリタイヤしたのだ
全ての心配から　リタイヤしたのだ
だからわしは　疲れないのだ

どうだ　これでいいのだ
　　　　これでいいのだ
やっぱり　これでいいのだ

――バカボンのパパの言葉――

はじめに

世界中のリーダーが「心の授業」に参加する理由

２０１８年2月、私は南インドのチェンナイにいました。

ベンガル湾に面し、かつて「マドラス」と呼ばれたこの地は、自動車産業や銀行業が盛んなインド第四の大都市として有名ですが、じつはもう1つの「顔」があります。人間のエゴを吸い取る聖なる山・アルナチャーラ山にほど近いということで、ヨガが非常に盛んな地でもあるのです。

そんなチェンナイで私は「One World Academy（現O&Oアカデミー）」という世界的企業のCEO、ウォール街の大物投資家、アラブの王族なども通うプログラムに参加して、毎日のように瞑想《めいそう》や呼吸法を取り入れながら、自分と向き合っていました。

「One World Academy」というのは、ヨガのwisdom（叡智《えいち》）を学ぶことにより美しい心の状態で瞑想を実践し、「意識的に生きる」ことを目指す施設。つまり、人間が持っている恐れ、不安、怒り、焦りなどの苦しみから解き放たれて、絶対不可侵の自己を確立できる「心の授業」です。

このプログラムの名声は世界中に轟《とどろ》いており、この地で学んだことを、企業経営やマネジメント、対人コミュニケーションに活かそうと世界中からリーダーやビジネスエリートたちが集《つど》ってきます。

そう聞くと、「経営者向けの自己啓発セミナー」のようなものを思い浮かべる方も多いかもしれませんが、ここはそんな表面的な成功哲学を学ぶ場所ではありません。

目指すべき変化は3つ。

① 心と身体がリラックスしている状態

② すべてが一つという感覚

③　今を感じ生きている感覚

朝から晩までさまざまな瞑想と呼吸法を行ないながらwisdomの教えを学びます。その内容は、静かな時間に身を置き、自分と向き合い続けるというなかなか過酷なものです。社員数千人を抱えるタフな企業トップが、ポロポロと大粒の涙を流して、「辛い」と弱音を吐くくらい、と聞けば、なんとなくイメージしていただけるのではないでしょうか。

「心の授業」がよくある経営者セミナーと決定的に異なるのは、**「confront」**――つまり、**自分自身の苦悩と向き合う**ことを重視する点です。

苦悩から解放されるには、恐れや不安の「原因」がわからないことにはどうしようもありません。そこで、これまで避けてきた過去のトラウマ、直視してこなかった自分の弱い部分など、内面を深く掘り下げていくのです。それは一朝一夕《いっちょういっせき》にできることではなく、成功を収めたリーダーや社会的地位の高い人ほど、なかなか素直に自分の弱さと向き合うことができず、弱音を吐いてしまうのです。

では、なぜ私はこの「心の授業」に参加したのでしょうか。その目的はただ1つ。

あるべき「リーダー像」からの解放です。

どういった組織においても、リーダーという存在はつねに重い責任とプレッシャーにさらされています。苦悩の根本にあるのは、「理想的なリーダー像」です。リーダーの多くは、こうしたあるべき理想に支配され、苦しんでいるのです。

だからといって、リーダーが迷いや弱さを見せると、仲間たちが不安に陥《おちい》ってしまうので、そう簡単に弱音を吐くこともできません。

誰にも悩みや苦しみを打ち明けることができず、その苦悩を一人で抱え込んでいる孤独なリーダー。

じつは私もその一人でした。

創業200年の老舗八代目が感じていた「迷い」

自己紹介が遅れました。私の名は、渡辺雅司。東京の下町、亀戸天神《かめいどてんじん》のすぐ側で、「くず餅」を売っている**「船橋屋」の八代目当主**をつとめている者です。

東京の方ならば、もしかしたら「ああ、あのお店ね」と思い浮かぶ方もいらっしゃるかもしれません。「船橋屋」の創業は文化二年（１８０５年）。関西の「葛餅」とは異なる「くず餅」は無添加の発酵食品で、古くは江戸っ子たちに愛され、西郷隆盛、芥川龍之介、永井荷風なども足をお運びくださいました。

お陰様で、現在も多くの方にご愛顧いただき、亀戸の本店だけではなく東京近郊に25店舗を構えています（２０１9年5月末時点）。

父から八代目として事業を引き継いだ当時、事業は順調でしたが、日々の業績を淡々とこなしながら、何かに漠然とした違和感、正確にいえば「迷い」というものを感じていました。その「迷い」を振り払うべく、私は、経営者の方たちが書いた経営本を教科書のように読み漁《あさ》り、さまざまな経営セミナーにも参加しました。

実績のある経営者や、人生の先輩たちのお話は傾聴に値《あたい》するものばかりでしたので、それはそれで、今も非常に経営の役に立っています。

しかし残念ながら、そこには私の「迷い」に対する「答え」は見つからなかったのです。「この答えは他人から教えられるものではなく、まずは自分自身を掘り下げてみる必要があるのではないか」

そのように考えた私は、まずは考えるよりも感じる、自分が今何を感じているのかを大切に行動するようにしました。そして、その感覚をもとに、これまでの船橋屋では着手してこなかったような改革を進め始めたのです。

すると、不思議なことが起きました。

具体的には本書の中で詳しく述べますが、なぜか組織が生き生きと動き出したのです。各部のプロセス管理も、それまでの社長主導のものから、それぞれが自主性を持ってどんどん物事を進めてくれるようになったのです。

気がつけば、就任前と比べ売り上げが2倍、**10年で経常利益が6倍となり**、事業も順調に推移。新しいお客様が増えるだけではなく、多数の新卒が応募をしてくれるような人気企業になることもできました。

ただ、これは徒手空拳《としゅくうけん》で挑むなかで結果がついてきただけにすぎません。

なぜ船橋屋の社員・パートが生き生きと働き出したのか。なぜ船橋屋にこんなにも勢いがつき出したのか。人から尋ねられても、自分のなかに明確な答えはありませんでした。その「答え」がわからないことには、本当の「迷い」から解放されることはありません。

「答え」を見つけるためには、もっと自分自身と徹底的に向き合わなくてはいけない――。

そんなことを考えていた時に、人を介して「心の授業」の存在を知り、はるばる南インドを訪れたというわけです。

「こうあるべき」「こうすべき」が「迷い」を生む

こうして私は、1週間に及んで、深い瞑想や呼吸法などを通じて徹底的に自分と向き合いました。

自分とは何か。自分は何のために存在するのか。そのような人間の根源的なところまで突きつめることは、逃げ出したくなるような辛さでしたが、その甲斐あって、私の「迷い」に対する「答え」をようやく見つけることができました。

それを一言で言い表すとこのようになります。

「これでいいのだ」

これは赤塚不二夫氏のギャグ漫画『天才バカボン』に登場する「バカボンのパパ」がよく述べているセリフです。アニメ版のテーマソングのなかでも繰り返されているので、ご存じの方も多いでしょう。本書の冒頭に掲載した「バカボンのパパの言葉」にも同じ言葉が登場します。

南インドまで出かけていって、ハードな瞑想の果てにたどり着いた真理が「バカボンのパパ」――。そう聞くと、あまりにふざけているように聞こえるかもしれませんが、そんなことはありません。

むしろ、自分自身と徹底的に向き合ってみてわかったのは、無意識のうちに心の奥底でいつの間にか、「こうすべき」「こうあるべき」という考えに支配されていることでした。

「船橋屋ののれんを守らなくてはいけない」
「先代に劣らぬような立派な社長にならなくてはいけない」
「長い歴史を誇る老舗《しにせ》の信頼を裏切るような真似をしてはいけない」

「船橋屋」という組織を率いるリーダーとして、いつの間にかこのような「こうすべき」「こうあるべき」にがんじがらめに縛られて、何もできなくなっていた。これこそが私の「迷い」の原因だと気がついたのです。

自分を苦しめていたものの正体が見えてくれば、どうすればいいのかは自ずと見えてきます。

そこで、まずは「こうすべき」「こうあるべき」という考えをどこかに置いておくことにしました。

世の中には、こうしなくてはいけないということなどはない。こうあるべきなどという組織もない。今置かれている状況を素直に受け入れて、ここにいる自分とその仲間がワクワクすること、そして自分を取り巻く社会やお客様にとって幸せになることだけをつきつめていけばいい。

そういう考えに至ったのです。それを一言で言い表した言葉こそが、「これでいいのだ」なのです。

「Being経営」が組織に好循環をもたらす

この「これでいいのだ」という境地は、英語では「Being Life」と表現される状態なのですが、じつはこれこそが「心の授業」が目指す境地でもあります。

個々が自分自身の苦悩の原因を見極めた後、そこから解放されるため、「今の自分、今の自分が置かれている状況」を自然に受け入れるということです。つまり、「これでいいのだ」です。

経営者は多かれ少なかれ「べき」にとらわれています。「経営者としてその人なりの理想像」に固執しすぎるあまり「もっともっと」を求め「今」に心を置くことができなくなります。

このような状態を避けるためにも、「Being Life」を意識しなくてはいけません。

強い問題意識のあるリーダーや経営者たちが世界中から集まってくるのが、「心の授業」であり、ここで彼らは「Being Life」を体得して、リーダーや経営者としてさらに大きくステップアップしていくのです。

このような南インドでの体験を経て、日本に帰国して経営を実践するようになったわけですが、その効果はわかりやすいほど現れてきました。

売上・利益の拡大はもちろんですが、船橋屋の将来を左右するかもしれないイノベーション事業もいくつか生まれつつあります。また、社員・パートの方々のモチベーションもさらに上がり、現場から次々と新しいチャレンジをしてくれるようになったのです。

では、具体的に何が変わったのかというと、利益や売上目標に必要以上に固執するのではなく、日々の仕事に幸せを感じ、それを積み重ねていく経営にシフトしていったのです。

前置きが長くなってしまいましたが、**個々人が充足感を感じ幸せの在《あ》り方を大切にする経営**こそ、本書のタイトルでもある**「Being Management（マネジメント、経営）」**であり、私が本書でいちばん皆さんにお伝えしたいことなのです。

この「Being経営」は「もっともっと」という欠乏感にフォーカスした目標から解

放されて、今、目の前にいる人たちの「幸せ」に重きを置いた組織運営なので、リーダーにも苦悩や迷いがありません。当然、組織のメンバーや周囲の人びともワクワクした状態なので、好循環が生まれます。

「Being経営」がもたらすこの「幸せのサイクル」こそが、企業経営者や組織のリーダーはもちろん、人生において最も大切なことだということを、私の実体験をもとに、お伝えしていきたいのです。

タモリさんが弔辞で述べた「Being」の真髄

老舗の八代目が書いた本と耳にすると、ほとんどの方は「老舗ののれんをどう守ったのか」が書かれた経営ハウツー本か、あるいは、「老舗を現代にマッチするように、どうやって改革をしたか」のような組織論が説かれた本をイメージされるでしょう。

そのような予想を思いっきり裏切ってしまうようでたいへん申し訳ありませんが、この本は経営ハウツーでも組織論でもありません。

私自身の経験に基づくものなので、どうしても企業の経営改革やチームづくりというテーマが多くなってしまいますが、それらはあくまで「Ｂｅｉｎｇ経営」という真理を理解していただくための手段にすぎません。

その意味では本書で述べていることというのは、経営者だけではなく、大企業にお勤めのビジネスマン、個人事業主の方など、あらゆるビジネスパーソンの方にも大いに参考になるのではないかと思います。いや、ビジネスをされていない方たちにもきっとお役に立てるはずです。


本編へと進んでいく前に、「これでいいのだ」という言葉を生み出した赤塚不二夫さんがお亡くなりになった際、タモリさんが読み上げた弔辞を引用したいと思います。

タモリさんは若く無名だった頃、新宿のバーで赤塚不二夫さんに見出され、お笑いの世界に進むように進言され、有形無形の援助を受けました。この時の弔辞でタモリさんが「私もあなたの数多くの作品のひとつです」と述べたように、赤塚さんのことを誰よりも知り、深い信頼関係があるのです。

そんなタモリさんの弔辞は、何も書かれていない白紙を広げて読まれたことで、歌舞伎の「勧進帳」だったのではないかと大きな話題になったので、覚えておられる方も多いでしょう。このなかに、悩める経営者、悩めるビジネスパーソン、そして、すべての生きづらさを感じている人に知っていただきたいことが述べられています。

〈あなたの考えは、すべての出来事、存在をあるがままに、前向きに肯定し、受け入れることです。それによって人間は重苦しい陰の世界から解放され、軽やかになり、また時間は前後関係を断ち放たれて、その時その場が異様に明るく感じられます。この考えをあなたは見事に一言で言い表しています。すなわち「これでいいのだ」と〉

これこそがまさしく「心の授業」で学んだ「Ｂｅｉｎｇ経営」の姿であって、私がこの本を介して、皆さんにぜひ理解していただきたいことなのです。

本書を手にとっていただくことで、一人でも多くの迷える経営者の方々が、ワクワクとした幸せな経営者になるキッカケを摑んでいただけたら幸いです。

２０１９年５月

船橋屋　八代目当主　渡辺雅司

目次

Being Management

はじめに 004

序章 「下町のくず餅屋」に新卒1万7000人が殺到するまで

2日しかもたない「生もの」を200年売り続けてきた企業 030
「カンブリア宮殿」が取り上げた「幸せの経営術」 032
「下町の老舗和菓子屋」はなぜ激変したのか 036
ヤンキー風の社員がお客様に「タメ口」応対 038

第1章 あるべき「リーダー像」から脱すればうまくいく

「Beingマネジメント（経営）」メソッド

◉カルチャーショック　「不安」の増大が視界不良にさせる　044
経営を通じて学んだ「今、ここ、自分」　044
「のれん」を脅かす者はすべて「敵」として考えるように　046

◉必然的衝突　事業承継がうまくいかない理由　050
事業承継とは「父と息子の物語」　050
「上り」と「下り」では見ている景色が違う　052
結果を求める「焦り」が「悩める経営者」に　054

◉リーダーの苦悩　「〜べき」にとらわれていないか　056
7年間の銀行員時代に学んだこと　056
「理想と現実の激しいギャップ」に苦しむ日々　058
まるで「恐怖クラブのプラチナ会員」　059

◉使命と存在意義　経営理念を見つけるために、原点に立ち返る　062
「くず餅」を通じ、関わるすべての人を幸せにする　062
「自然のまま」でなくなったら、「くず餅」ではない　065
松下幸之助翁が述べた「自然の理法」　067

「自然」に逆らうと人は苦しくなる　069
◉ワクワク経営　「売上」や「成長」ではなく「幸せ」を経営目的とする　071
「究極の2つの問い」　071
「今」の大切さに気づかせてくれた吉川英治の金言　073
道に迷ったら、どちらが「ワクワク」するかで選ぶ　075
「幸せ」を基準としているから、就職希望が殺到する　077

第2章 チームづくりは『ワンピース』を見習え

「Being マネジメント（経営）」の組織論

◉真のリーダー　「周囲の評価」が成長を促す　082
「社内選挙」でリーダーを選ぶ　082
33歳の女性社員がナンバー2に！　084
◉メンバーとの橋渡し役　最強のナンバー2を育てる　087

「船橋屋」が目指す「麦わらの一味」 087
「オーケストラ型組織」を引っ張るのは指揮者ではない 089
「リーダーズ総選挙」の目的は、「コンマス」を選ぶこと 090
社長が不在でも「船橋屋」が安泰なワケ 092

◉トップの仕事① **組織の進む道を「絵葉書」で示す** 095
ナンバー2が組織の進むべき方向を理解しているか 095
中期経営計画をわかりやすくビジュアル化 097

◉トップの仕事② **社内の「語り部」を増やす** 109
会社の強みを社員が自覚しているか 109
「自分の想い」と正直に向き合った人間だけが「語り部」になれる 110
社員を「見えない鎖」から解き放つメンタル研修 113
必要なのは「いい子」ではなく「自分と向き合う人間」 115

◉リーダー不要論 **社長がリーダーシップを発揮しすぎると、組織は疲弊する** 118
社長が社員に近づきすぎると、格差が生まれる 118
「麦わらの一味」が強いのは、ルフィがリーダーシップを発揮しないから 120

◉新しいリーダー像　孤独なリーダーは時代遅れ 123
「孤独で辛い」が「昭和のヒーロー」の絶対条件だった 123
「現代のヒーロー」は「楽しい」から支持される 125
「楽しい」「ワクワク」が「Be-ing経営」の本質 127

第3章

頑張って結果を出すから「幸せ」ではなく、「幸せ」だから「結果」が出る

「Be-ingマネジメント（経営）」の人財開発

◉脱成果主義　「昭和の働き方」から脱する 132
人財開発は「場の力」づくりから 132
「努力」や「頑張り」は成果につながらない 135
まずは、社員が「幸せ」を享受する 137
「昭和の働き方」では、若者はトライしない 140
◉アドラー理論　「好き」「信頼」「貢献」に溢れた職場をつくる 142

「幸せ」を感じる条件 142
「場の力」のつくり方 145
自然に成果が出る「人財開発ピラミッド」とは 150

第4章 「職人技」は数値化できる

「Beingマネジメント（経営）」の人事評価制度

◉「公平な評価制度」　「行動」に着目して評価すれば、誰もが納得する 156
「信頼」に満ち溢れた組織をつくる3つの機能 156
「個人目標設定シート」を能力開発に活かす 158
行動にフォーカスを当てた「く・ず・も・ち人財要件表」 160
「成果」と「行動」のバランスのとれた評価が安心感を与える 163
◉日本企業のジレンマ　職人を神格化しなければ、不正は起きない 165
「技術職」をどう評価するか 165
製造現場の不正行為はなぜ起きるか 167

職人の「高い技術力」に支えられている「くず餅」　170
話しかけるのも憚《はばか》られるほど権威化した職人たち　171
トップダウンでは組織風土は変わらない　173
◉「職人マイスター制度」　頑張りを鼓舞するのではなく、公平に評価する　176
職人技の数値化を望む声　176
万遍なく技術が身につく制度　178
「くず餅」に音色を聴かせる？　181
「職人技」にも科学の光を当てる時代　183

第5章

社員の声に真摯に耳を傾ければ、「共感」と「貢献欲求」が生まれる

「Beingマネジメント（経営）」のフィードバック

◉「社内サーベイ」　社員から本音を引き出す方法　188
なかなか社長に本音を語らない　188

無記名アンケートで社員の本音を探る 190
社長に直接想いを伝える「手紙」 193
「気づき」を得られる貴重な「審判」 195

◉「共感力の形成」 「人の役に立ちたい」はフラットなチームから生まれる 198
仲間に共感しなければ、社会貢献する気持ちは芽生えない 198
若手にプロジェクトリーダーを任せる 200
プロジェクトが「業務」になる 202

◉「一隅を照らす文化の醸成」 誰もが納得するかたちでMVPを決める 206
「新年会」で社員が涙を流す 206
みんなが選ぶ「主役」だから不平・不満が出ない 209
内定者も会社の一員 210

第6章

SNSも「ありのまま」で拡散！

「Being マネジメント（経営）」のマーケティング

◉マーケティングの誤解　216お客様は、幸せを感じたり、ライフスタイルが向上するものにお金を払う　216

マーケティングも「自分を知ること」から　218

「売上」「利益」を目的とした施策はうまくいかない　220

◉SNSマーケティング①　老舗だからこそ、SNSを積極活用する　220

ツイッターインプレッション数3763％増!?　221

ネット通販だけでなく、実店舗の売り上げも上昇　223

SNS上で「フォトコンテスト」を実施　227

◉SNSマーケティング②　若者には商品をPRしない　227

インプレッション数1400万回超えの「Twitterドラマ」　229

フォロワー数の多いキャスト、アーティストを起用　232

ドラマの評価が「船橋屋」への好奇心に変わる

「誰を幸せにするか」をまず考える 234

第7章 先祖代々受け継がれてきた樽の中から「くず餅乳酸菌®」!!
「Beingマネジメント（経営）」のイノベーション

◉イノベーションの条件① 本業への回帰から、挑戦が始まる 240
イノベーションの種は、「自社のリソース」にあり 240
健康長寿に寄与する「くず餅乳酸菌®」の発見 242
◉イノベーションの条件② 「お客様の声」に耳を傾けてみる 244
社員も気がつかなかった「思わぬ効用」 244
「求めるものは　目の前にある」 246
◉原点回帰　自社の歴史を語れるか 248
のれんを守り続けた五代目妻 248

戦争を生き残った「原料」があるから、今がある 250
「理念」を軸に回り続けるコマになる 252
おわりに 255

ブックデザイン　トサカデザイン
編集協力　窪田順生
写真提供　株式会社船橋屋
図版作成　桜井勝志（アミークス）

序章

「下町のくず餅屋」に新卒1万7000人が殺到するまで

2日しかもたない「生もの」を200年売り続けてきた企業

「幸せ」を経営指針とした「Being経営」を実践することで、組織がどう変わり、そこで働くメンバーたちにどういった影響が出るのか、そして、顧客や社会にどのような価値を提供していけるか——。

そのプロセスとポイントを説明していく前に、まずは私たち「船橋屋」についてもう少し知っていただく必要があります。そこで本書のイントロダクションとして、序章では船橋屋の過去から今までの変遷をご紹介していきます。

「はじめに」でも触れたように、「船橋屋」は、江戸時代の文化二年（1805年）から東京下町・亀戸天神境内《けいだい》で「くず餅」を作ってきました。有り体な言い方をすれば、「老舗和菓子屋」です。

亀戸で200年以上、変わらぬ味で商いをしてきましたので、東京やその近郊の方たちからは、「子供の時から食べています」「祖母が大好きでした」など、ありがたいお言葉をかけていただいています。

その一方で、それ以外の地域にお住まいの方たちからすれば、「船橋屋」と聞いてもピンとこず、いったい何を売っているのかさえもご存じないという方がほとんどです。

なぜかというと、私たちの「くず餅」は、他に似たものがまったくない唯一無二の和菓子なので、イメージを抱きにくいからです。

くず餅と言うと、「ああ、関西でよく見かける」と返されますが、じつは私たちの「くず餅」は、関西に多い「葛餅」とはまったく異なる製法で作られた食品です。

「くず餅」は小麦粉からグルテンを取り除いたでんぷんを、木樽で450日もの間、自然発酵・熟成した、「和菓子で唯一の発酵食品」であり、出来上がった「くず餅」は常温で2日しか日持ちしません。現在は通販で遠方の方もお買い求めいただけるようになりましたが、それまでは東京近郊の方たちしか食

「船橋屋」の「くず餅」

べることができない「生もの」でした。

「カンブリア宮殿」が取り上げた「幸せの経営術」

ところが、この亀戸天神の傍にある和菓子屋「船橋屋」が、最近では、全国の方々にも急速に認知されてきました。

私自身、講演などで招かれる機会が多いので、日本各地に足を運ぶのですが、「船橋屋」と名乗ると、「知っています！」とか「ああ、あのくず餅の」などお声をかけていただくことが格段に多くなっているのです。

それは、２０１８年８月に**「ＪＲ東日本おみやげグランプリ」**で総合グランプリに輝いたことに加え、何よりも同年11月に**「カンブリア宮殿」**（テレビ東京）で取り上げていただいたからです。

ご存じのように、この番組はビジネスマンはもちろんのこと、さまざまな商いに関わる人たちなど、世代を問わず多くの人たちがご覧になっています。そのなかで、私と「船橋屋」を《創業１８０５年の老舗和菓子店　伝統と革新の……「幸せ」経営術》として、取り上げていただいたことで、全国区の知名度を得ることができたのです。

では、「カンブリア宮殿」は、なぜ私たちのように、2日しか保存がきかない「くず餅」を東京下町で販売してきた小さな和菓子屋を取り上げたのでしょうか。

理由は、タイトルにあった《「幸せ」経営術》――すなわち、この番組の取材が始まる半年前に南インドで体得した「Being経営」にほかなりません。

番組ホームページに掲載されている3項目の見出しを引用しながら、簡潔にご紹介いたします。

①「老舗和菓子店が挑むイノベーション」

じつは私たちは、「くず餅」以外にもさまざまな商品を展開しています。「船橋屋」と言えば、「くず餅」！ これが定番の人気商品であることは間違いないのですが、さまざまな世代の方々にも「くず餅」の魅力を知っていただくため、積極的に商品開発をしているのです。

その一例が、番組でも取り上げていただいた「くず餅プリン」。

小麦でんぷんを用いた「日本一手間のかかる発酵プリン」は、「和」と「洋」が融合したまったく新しい味ということで、若いお客様のみならず、幅広い層の支持を得ています。

②「社員の自主性が活かされる会社へ！」

弊社では、私が独断で何かを決めることはほとんどありません。目指す方向性は定めますが、基本的に社員・パートの方々がそれぞれに考え、「船橋屋」をより良くするような施策を話し合いの上決定し、それを実行に移してくれています。

この「自主性」は組織運営にも当てはまります。

最もわかりやすい例が、「リーダーズ総選挙」です。

船橋屋のリーダーは、私が任命するのではなく、社員・パートたちの投票によって行なわれます。そうして選出されたのは当時33歳の女性社員。彼女は今も執行役員として、私とともに「船橋屋」をより良くするために奮闘してくれています（第2章参照）。

「くず餅乳酸菌®」を用いたサプリメント【REBIRTH】

「老舗の和菓子屋」のイメージとはかけ離れた自由闊達《かったつ》な雰囲気や、社員の自主性に任せる働き方は、「カンブリア宮殿」で取り上げられる以前から、メディアなどでも多く伝えられていたので、ありがたいことに「船橋屋」で働きたいという声が非常に多く寄せられています。就職活動シーズンになると、約1万7000人の学生が就職希望に訪れるようになりました。

③「くず餅の菌で、健康に!?」

これは私たちが発見した「くず餅乳酸菌®」のことです。

第7章で詳しく開発の経緯などをご説明し

ますが、じつは発酵食品である「くず餅」には、植物性乳酸菌が豊富に含まれていることがわかっています。

研究機関に調査を依頼したところ、この「くず餅乳酸菌®」を摂取した腸内の「善玉菌」の割合に改善が見られたのです。さらなる研究により、現在では「くず餅乳酸菌®」を用いたクリニック専用サプリメントを発売するほか、機能性表示食品の開発も進めています。

「下町の老舗和菓子屋」はなぜ激変したのか

「船橋屋」がどういう会社かなんとなくご理解いただけたかと思いますが、じつは、初めから、こんな組織であったかというと、そういうわけではありません。

私が「船橋屋」に入った25年前くらいまでは、おそらく皆さんが想像するような「創業200年の老舗和菓子屋」でした。

目新しいことに次々とチャレンジするよりも、「くず餅」という長く愛される定番の人気商品をコツコツと売っていました。

そして、社員の自主性を尊重して、現場から次々とアイディアが湧き出て、それぞれがチャレンジ精神に溢《あふ》れている、というよりも、どちらかといえば、トップがリーダーとしてみんなを束ね、それに社員とパートもしっかりと従い、みんなが一丸となって着々と成果を出していくという堅実な社風でした。

当時は、「創業200年の老舗和菓子屋」という思いもありましたので、次々とイノベーション事業を立ち上げるなど考えてもいませんでした。

つまり、現在の「船橋屋」とはあらゆる面で違っていた会社だったのです。

もちろん私は、先代の社長、つまりは父や、昔の「船橋屋」を批判して、今のほうが良いという話をしているのではありません。

私の父は東京の下町、亀戸にあった「船橋屋」を、百貨店の菓子フロア、いわゆる「デパ地下」での展開に力を入れて、「船橋屋」の規模を大きくした功労者であって、その経営手腕の凄《すご》さは誰よりも良くわかっているつもりです。

ただ、当時は、高度経済成長期やバブル景気という右肩上がりの時代で、欲しいものは百貨店やお店に直接足を運ばなければ入手できませんでした。

一方、現在の「船橋屋」を取り巻く時代や環境というのは、大きく変わっています。

現在の成熟化した社会では、インターネットによりあらゆる商品が入手可能になり、企業はお客様との密接なコミュニケーションを形成し、細やかな商品やサービスの提供が求められます。そのなかで会社組織のあり方も大きく変わっていくのは当然なのではないでしょうか。

ヤンキー風の社員がお客様に「タメロ」応対

25年前と現在で、「船橋屋」が大きな変化を遂げた。それがどれくらい劇的に変わったのかということをわかっていただくのに最適なエピソードがあります。

それは**「パンチパーマ」**です。

1993年の春、私は船橋屋に入社しました。

大学を卒業してから、「三和銀行（現・三菱UFJ銀行）」に入行して7年間、有難くもさまざまな経験をさせていただいたのですが、父がいよいよ事業承継を本格的に考えるというタイミングもあって、最初は専務取締役という立場で、父のサポートをしながら、船橋屋の経営を叩き込まれていくというところからスタートしました。

しかし、最初は経営どころの話ではありませんでした。

これまで働いていた「銀行」という、非常に硬い職場環境とのあまりのギャップに、毎日カルチャーショックの連続だったからです。

なかでも圧倒的にインパクトの強い思い出が、社員のヘアスタイルでした。

男女問わずに茶髪率が高いのは当たり前。リーゼント、パンチパーマなどいわゆる「ヤンキー風」が多く働いていました。

このようなコワモテな風貌に加えて、さらに衝撃を受けたのが、そのあまりにもフランクすぎる勤務態度です。

お客様に対する言葉遣いというよりも、近所の友達と世間話をしているような、いわゆる「タメ口」なのです。

ほとんどの人は、子供の頃から知っている顔なじみの「いいおじさん」「いいおばさん」。なかには私を自分の孫のように可愛がってくれた方もいらっしゃいます。私からすれば、彼らが悪い人ではないことはよく知っています。

しかし、店を訪れる人たちは、彼らの性根など知る由《よし》もありません。常連客ならいざ知らず、初めて訪れたお客様のなかには、明らかに引いている人もいらっしゃいました。

ご存じのように、銀行員はどんなに暑い夏でも、スーツ着用を義務付けられ、行内での言葉遣いや接客態度はもちろん、地域のなかでの立ち居振る舞いなども厳しく指導されます。

社会人として7年間、それが当たり前だとしつけられてきた私からすれば、当時の「船橋屋」は企業というよりも、マンガやドラマに登場するような、「下町の商店街にある老舗和菓子屋」だったのです。

ただ、当時の「船橋屋」をちょっと擁護《ようご》すると、ヤンキー風の社員が溢れていたのは、何もここだけの話ではなく、下町の中小企業ではごく一般的なことだったのです。

東京にお住まいの方ならばなんとなくわかっていただけると思いますが、亀戸は、下町でも隅田川を越えてさらに東の「ド下町」と呼ばれるような地域ということもあって、大都会・東京というより、千葉のカルチャーの影響を受けています。

そして、その当時の千葉というのは、ちょっと前に子供たちなどにも絶大な人気を誇ったドラマ『今日から俺は!!』（日本テレビ系）などにも描かれているように、いわゆる80年代の不良カルチャーが色濃く残っていました。

当時の「船橋屋」の大半は地元採用だったため、販売員や職人たちにも、この「不良カルチャー」の洗礼を受けた人が多くいたのです。


このようにパンチパーマやリーゼントの働き手が溢れた「下町の和菓子屋」が25年を経て、なぜ就職希望の学生が1万7000人も押し寄せるような企業へ劇的に変わり、「カンブリア宮殿」に取り上げられるまでになったのか。

この問いかけに対する答えこそが、本書のテーマである「Being経営」なのです。

次章では、船橋屋がどのようにして「Being経営」を行なうに至ったのか、その軌跡をご紹介します。

第1章

あるべき「リーダー像」から脱すればうまくいく

「Being マネジメント（経営）」メソッド

カルチャーショック

「不安」の増大が視界不良にさせる

経営を通じて学んだ「今、ここ、自分」

さて、それでは「船橋屋」を大きく変えた「Being経営」というものについて、具体的にご説明していきましょう。

まず、大前提として「はじめに」で触れた「これでいいのだ」——つまり、「Being life」というものについての正しい認識が必要不可欠です。

「Being経営」は、リーダー自身が体得した「Being life」に基づいた組織運営ですので、土台である「Being life」が誤っていれば当然、「Being経営」も誤った方向性になってしまうからです。

そこで本章では、私が紆余曲折《うよきょくせつ》しながら「Being life」の重要性に気づくに至ったプロセスをお話ししていきます。

もちろん、「Being」に到達するためには、「はじめに」でご紹介した「心の授業」のように、自分自身と徹底的に向き合うことが求められます。他人である私の話を聞いたからといって、体得できるものではないでしょう。

ただ、「イメージ」してもらうことはできます。

簡単ではありますが、私がどうやって自分自身と向き合ったのかというお話から参考にしていただきたいです。

では、私、渡辺雅司という人間はいったい何をきっかけに、自分自身と向き合うようになったのか。深く、そしてはるか昔にまで遡《さかのぼ》って、自分のなかでの迷いや不安というかすかな違和感のルーツを内省したところ、浮かび上がったのは、この言葉でした。

「今、ここ、自分」

遠い未来や過去に心をとらわれるのではなく「今」に心を置き、自ら足をつけて立っている「ここ」を再確認することで、あらためて「自分」というものに向き合うと、自然と進むべき道がわかってくる。

まさしく、「これでいいのだ」という「Being life」にも通じる考え方ですが、これを私は誰に教えられたわけでもなく、「船橋屋」の経営を通して学びました。

では、私がどのような経緯で、「今、ここ、自分」という言葉にたどり着いたのか。ここからは極めて個人的な話もありますが、すべては皆さんが「Being life」を目指していくうえで必要なことですので、少しお付き合いください。

「のれん」を脅かす者はすべて「敵」として考えるように

序章で申し上げたように、1993年に「船橋屋」に入社した私は、パンチパーマやリーゼントの社員を目の当《ま》たりにし、たいへんなカルチャーショックを受けました。

銀行員時代には「利益」の大切さを叩き込まれていましたので、会社はとにかく成長をして、財務的に健全でなくてはいけないと強く信じていました。実際、お取引先には、そ

明治中期の「船橋屋」

のような健全経営の会社が多くありました。このような会社の社員の方はみな礼儀作法や身だしなみはもちろん、社会人としての常識もしっかりと身についており、仕事のルールも整備されています。

一方、当時の「船橋屋」は、そういった会社とはほど遠い状態でした。

販売員、職人、そしてパートの方たちも含めて、みな独自のやり方がありました。かなり自由なマイルールに基づいて働いていたのです。

このような人たちと私は自分の理想とする会社をつくれるのだろうか。そして、父の跡を継いで、誰からも認められる当主になれるのか。

入社早々に、こうした「不安」に人知れず支配されてしまったのです。

「不安」が大きくなるなかで、次第に自分が「立派な当主」と呼ばれるようになるため少しでも障害になる者や、私の考える「船橋屋ののれん」を脅《おびや》かしているように見える者たちは、すべて「敵」として考えるようになってしまったのです。

パンチパーマやリーゼントというヤンキー風ファッションの社員たちのことも次第に快く思わなくなっていきました。こんないでたちでは、「船橋屋」の評判を傷つけられてしまうのではないか、という不安が出てきたのです。

そのような私の「不安」は、「船橋屋」の命である「くず餅」を生み出している職人たちにも向けられました。

彼らには、ほかでは真似のできない素晴らしい技術があるのは紛れもない事実でしたが、一方で、外野の人間には自分たちのやり方に一切口を出させないという職人特有の閉鎖的な文化がありました。

昔ながらの職人気質《かたぎ》が強いあまり、若手社員たちがなかなかついていけず、すぐに辞めてしまい、後継者もまったく育ちません。

この現状を変えなくては、船橋屋の「のれん」は守れない。

そんな思いが徐々に湧き上がり、わたしはついに「改革」へと乗り出しました。トップダウンで悪しき習慣や効率の悪いシステムを改善し、あらゆるプロセスを「数値化」「見える化」していきました。

しかし、そのような強引な物事の進め方がうまくいくわけなどありません。私としては、とにかく会社としてのルールやシステムを整備すべきだと考えていたので、古参社員や職人たちとさまざまな局面で意見が衝突することになります。

当時は私もまだ若く、ひたすら猪突猛進《ちょとつもうしん》、反対意見を論破して強引に改革を進めていきました。

そのせいで、社員から反発を買ったのは言うまでもありません。

「新しい専務のもとではやってられない」

そんな捨て台詞《ぜりふ》を吐いて船橋屋を去っていったベテラン社員もいました。

しかし、私からすれば、利益を上げて、事業を拡大して、船橋屋が成長していくためには仕方がないという思いでした。むしろ、「辞めていく人は、新しい船橋屋にとって必要のない人材だったのだ」というぐらいにしか感じていなかったのです。

必然的衝突

事業承継がうまくいかない理由

事業承継とは「父と息子の物語」

ほどなくして、私の強引なやり方に異を唱える社員は増えていきました。そして、彼らの不満はどこへ向けられたのかというと、当然「船橋屋」のリーダーである父でした。

「息子さんは、この仕事のことがよくわかっていない」

「まだ銀行員の気分が抜けないのでは」

このような話を耳にした父からは苦言を呈《てい》されることもありましたが、私は私で「船橋屋」の成長のために正しいことをやっているという強い思いがありましたので、変えるつもりはまったくありませんでした。

これは今振り返ると、父には本当に申し訳なかったという思いでいっぱいです。私と古参社員たちとのあいだで完全に板挟みになってしまい、随分苦しい思いをさせてしまったからです。

父からすれば、自分自身が招いた後継者で、しかも息子なので応援をしてやりたかったという気持ちもあったでしょう。一方で、これまで父を支え、苦楽を共にしてきた古参社員たちが口を揃えて不満を述べているのですから、その思いも無視することはできないのです。

当時の自分と父の関係を振り返れば、やはりそれだけではなく、そこには「事業承継」という特有の難しさがありました。

私の親世代に当たる読者なら、「息子なんだし、後継ぎなのだから、生意気なことを言っていないで、まずは父親や古参社員たちの言うことは黙って聞いて従えばいいんだ」と考えられるかもしれません。事実、当時の私もよく周囲からそのように諫《いさ》められたものです。

しかし、これは私のような息子世代からすれば、なかなか受け入れにくい話です。取材や講演で事業承継に関する質問を受ける時に必ず申し上げる話があります。「事業承継は父と息子の物語」という表現です。

先代の考えを尊重しつつも、次世代を見据えた後継者としての自らの思いを具現化していく――これが事業承継なのです。この壁を乗り越えられなければ、事業承継はうまくいかなくなると私は考えます。

「上り」と「下り」では見ている景色が違う

まず、父と私に関して言えば、「経営」というものに対する考え方が少し異なりました。と言っても、父の考え方が間違っているとか、父の経営手法を批判しているわけでは決してありません。

当たり前ですが、企業経営というものも、それぞれの時代のなかで大きく変わっていくものです。父と私では生きてきた時代がまったく異なりますので、父と私の経営に関する考え方が違うのも当然なのです。

このギャップを説明するのに、私はよく**「エスカレーター」**をたとえに出します。

父が六代目の祖父からのれんを引き継いだ当時は高度経済成長期で、人口も右肩上がりで増えていました。あらゆるものが拡大、成長を目指していた時代。その大きな流れのなかで、船橋屋も百貨店などに数多く出店をしていきました。

言うなれば、「上り」のエスカレーターに乗って、イケイケドンドンで成長を果たしたのが、父が舵《かじ》を切っていた当時の船橋屋なのです。

しかし、私が経営に携《たずさ》わり始めた時代は違います。バブルがはじけて、人口減少もスタート。あらゆるものが縮小、低成長へと転じていく時代で、いわば「下り」のエスカレーターです。下の階へ降りようとする動きに反して、全速力でかけ上がる。そんな時代なのです。

どちらが正しい、間違っているということではありません。**乗っているエスカレーターが違うので見ている景色が違う。**そうなれば、考え方が違うのは当然のことだと申し上げたいのです。

結果を求める「焦り」が「悩める経営者」に

このように「経営」というものに対する考え方の違いから、私は父と意見が衝突することもありました。それだけではなく、私よりも長く勤めている古参社員たちともぶつかるようになってきたのです。

この衝突に拍車をかけたのが、**「焦り」**でした。

父の後継として、一日も早く「結果」を出さなくてはいけない。とにかく利益を上げなくては、これまで以上に成長をしなくてはいけない。それができない自分の不甲斐なさに加えて、自分の思うような「結果」を出してくれない社員やパートたちに対しても、一人でやきもきしていたのです。

いつしか私はいつも眉間《みけん》にシワを寄せて、どうすれば結果を出せるか四六時中思案にふける「悩める経営者」になっていました。当然、そんな気難しそうな人間はみんなから敬遠されます。気がつけば、私は社内で孤立するようになっていったのです。

なぜこんなことになってしまったのか。自分で言うのもなんですが、もともと明るい性格で、深く物事を心配することもないし、引きずることもありません。そんな人間がなぜ「悩める経営者」になってしまったのか。なぜこんなにも自分は焦っているのか。

自問自答を続けるなかで、その原因がぼんやりと見えてきました。それは、銀行員時代に私が何人も見てきた、立派な経営者です。

リーダーの苦悩

「〜べき」にとらわれていないか

7年間の銀行員時代に学んだこと

私が「悩める経営者」になってしまった理由が、なぜ過去に出会った「立派な経営者」にあるのか。その理由をご説明するためにも、ここで少し私の銀行員時代のお話をさせていただきます。

高校、大学を経て1986年、旧三和銀行に入行しました。この時期になると、父の後を継いで船橋屋八代目になるということは、当然意識していました。もちろん、業務を通じて、経営のための金融知識を得たいという意味合いもありました。

仕事はハードではありましたが、非常に楽しいものでした。

たとえば、入行して3年目に配属となったトレーダー業務など、非常にいい経験をさせてもらったと感謝しています。

銀行の債券トレーダーというのは、顧客のために国債の取引注文を受けることが主な仕事です。私のお客様は、地方の金融機関。刻一刻と変動していくマーケットの先を読みながら彼らの売買高を一気に上げていく。そこで、利益が上がれば喜んでもらえるし、損失を出してしまえば責任が問われます。このように白黒わかりやすい業務というのは、私の性格にも合っていました。

また、3年間のトレーダー業務後、銀座支店へ転属になってからはさらに別の楽しさがありました。銀座という場所柄、取引先やお客様に名門企業や老舗が多く、その経営者の方たちにかわいがっていただけたのです。

皆さん、粋《いき》な旦那衆という感じで、仕事が終わると毎日のようにお酒や食事をご一緒して、大人の遊びはもちろん、人生や仕事に関していろいろとためになるお話をたくさん聞かせてもらうことができました。

私もいつか彼らのように、しっかりと会社経営をしながらも、余裕のある大人の男になりたい――。そんな風に憧れたものでした。

「理想と現実の激しいギャップ」に苦しむ日々

私が銀座支店へ転属した1991年というのは、まさしくバブル崩壊が本格的に顕著化したタイミングで、景気も徐々に落ち込んでいました。

少し前まで支店の営業は、融資を求める中小企業経営者に対して「どんどん貸し付けろ」という方針が飛び交っていたのですが、それが嘘のように、「絶対に貸すな」「早く回収しろ」に変わってしまったのです。

こんな厳しい激動の経済環境のなかで廃業を余儀なくされる企業が続出する一方で、先ほどの銀座の旦那衆のように、しっかりと会社の舵取りをされている経営者の方が多くいました。着実に利益を上げて、事業を成長させているのです。

そんな「立派な経営者」に対して、銀行マンとして素直に尊敬すると同時に、次第に「私もあのような立派な経営者になりたい」と思うようになりました。

バブル崩壊のような厳しい時代を乗り切ることができるたくましさと、社員を引っ張る強いリーダーシップ、そして必ず「利益」を叩き出して、成長を持続させる聡明さ。私の考える「理想の経営者」像が生まれた瞬間でした。

まるで「恐怖クラブのプラチナ会員」

そんな「理想の経営者像」を抱いたまま、銀行を辞めて、「船橋屋」に入社した私でしたが、現実はそうはいきません。

当時の「船橋屋」の自由すぎる振る舞いの人たちを前に、あらゆることが自分の理想通りにいかない、八方塞がりの状態でした。この「理想と現実の激しいギャップ」が、私を焦らせ、そして苦しめていた正体なのです。

社長なのだから、私がみんなを引っ張っていく**べき**。
社員みんなに信頼される、立派な社長である**べき**。
社長が周囲に弱音など吐く**べき**ではない。
社員とはこうある**べき**だと思っているのに、みんながなかなかわかってくれない。

利益を上げていくには、このような施策をする**べき**。
危機を乗り越えるには、このような改革をす**べき**。

当時の私を冷静に振り返ると、「こうあるべき」「こうすべき」という考えに囚《とら》われていたことがわかります。

「べき」というのは、個人の意志を超越したものであって、周囲に何を言われてもやらなくてはいけないものという、どちらかといえば「強制」や「使命」に近いものです。

さらにリーダーというのは、多くの「しなくてはならない」ことで溢れています。

社長として利益を追求しなくてはいけない。リーダーとして、社員のモチベーションをあげなくてはいけない。株主のために、事業を拡大しなくてはいけない。成長をするには、有能な人材を確保しなくてはいけない……。

「しなくてはいけない」で追い詰められている人間は、いつも不安なので、どんどん人を遠ざけて孤独になる。誰にも自分の悩みを相談できないので苦悩が深くなる。そしていつも不機嫌なので、さらに人が去っていく。そんな悪循環が生まれてしまうのです。

つまり、「悩める経営者」というのは、自分は社長なのだからこうすべきだという**「し**

がみついた理想像」に縛られているのです。

しがみついた理想像は**「恐れ」**を生みます。

この恐れは経営上の視野を狭くし、起こるすべてのことを周囲のせいにするようになります。そして、次から次へと悩みのタネや怒りを引き起こすのです。

当時の私はまさしくそのような状況でした。もし世の中に、四六時中、悩み苦しみ、何かに怯《おび》え続けるような人たちだけが入会を許されるような「恐怖クラブ」のようなものがあるのなら、私は間違いなく、そこの「プラチナ会員」だったでしょう。

使命と存在意義

経営理念を見つけるために、原点に立ち返る

「くず餅」を通じ、関わるすべての人を幸せにする

組織改革に踏み切り、仲間や父とまで衝突した結果、「恐怖クラブのプラチナ会員」になってしまった。こんな状態で「船橋屋」の舵取りなどできるわけがありません。

いつも苦悩している人が、商品やサービスでお客様を幸せにすることができるでしょうか。ましてや、この世の苦悩を一身に背負っているかのような人間のもとで働く社員は楽しいわけがありません。取引先、あるいはお客様だってそうです。

かといって、じゃあどうすればいいのかまったく方策が浮かばなかった私は、経営者として進む道を見失ってしまったのです。

苦悩することなく経営するにはどうすればいいのか。「べき」という思い込みから解き放たれるにはどうしたらいいのか。少し前の私のように、誰かが改革を断行するようなやり方ではなく、社長と社員・パートの方々が一丸となって「組織」をより良く変えていくにはどうしたらいいのか。

何度も自問自答を繰り返しました。仕事の時はもちろん、自宅でくつろいでいる時もいつも頭のなかにはこの問いかけがありました。

私にその答えを教えてくれたのが、ほかでもない**「くず餅の真価」**です。

経営者として自分の進むべき道がわからなくなってしまった私は、そもそもの根幹に立ち返ってみようと思い立ちました。

私たち「船橋屋」は何なのかということです。

もう少し具体的にすると、

① 誰のために存在するのか

② なぜ存在しているのか

この2つの問いを深く見つめ直して、導き出された答えは次の通りです。

「船橋屋」は誰のために存在するのか（①）。

これは、われわれ社員、商品を手に取ってくださるお客様、納税を含め企業活動を通し、より良くしていきたい社会です。「売り手が物心両面の幸せを感じられるからこそ、買い手のことを第一に考えられる商いと、その商いを通じた地域社会への貢献」を目指した近江《おうみ》商人の「三方良し」の精神に立脚しています。

「船橋屋」はなぜ存在しているのか（②）。

それは、「くず餅という唯一無二の食文化を守り発展させることで、私たちに関わるすべての人を幸せにする」。

「船橋屋」は……、

誰のために存在するのか　→　「三方よし（売り手・買い手・世間）」

なぜ存在しているのか　→　「くず餅という唯一無二の食文化を発展的に継承し、関わるすべての人を幸せにする」

この2つの問いに対する答えが明確になったことで、すっと気持ちが楽になりました。自分が進むべき道、やるべきことが見えてきたからです。

「自然のまま」でなくなったら、「くず餅」ではない

次に私が向き合ったのが**「くず餅とは何か」**という命題です。

私たち「船橋屋」は、「くず餅」という素晴らしい伝統和菓子を通じ、そこに関わるすべての人を幸せにしていくために存在します。ですから改めて「くず餅の真価」とは何かを整理しておかなくてはいけないと考えたのです。

「食品としての美味《おい》しさ」「和菓子で唯一無二の発酵食品」などさまざまな特徴が浮かびましたが、それらを集約していくうち、私の頭のなかでは、**「自然」**という2文字がはっきりと浮かび上がってきました。

「くず餅」は、厳選した小麦粉のグルテンを除去したでんぷん質を450日間乳酸菌発酵させ、じっくりと熟成させた発酵食品です。

つまり、「くず餅」というのは、原料から店頭に並ぶまで450日もかかるにもかかわらず、消費期限がたった「2日」という極めて効率の悪い商いなのです。

この提供方法を「船橋屋」はずっと続けてきました。

昔ならいざ知らず、保存料等を使い消費期限を延ばせば、全国展開が可能になり、売り上げは大きく伸びるでしょう。

しかし、その選択は「自然」ではないのです。

仕込みにどれほど時間をかけても、2日で消えてしまう。その「儚《はかな》さ」はまるで夜空にパッと咲いて消える花火のようであり、それを私たちは**「刹那《せつな》の口福《こうふく》」**と呼び、何よりも大切にしています。

なぜ先人たちは、「くず餅」という手間暇が異常にかかるこの食品を商いにしたのか。

なぜ200年以上も変わらず製法を守り続けてきたのか。


それは、**この商いが私たち「船橋屋」そのものだから**です。


「自然のままに」というそのあり方自体を大切にしていこうとする企業でありたい。

この「自然のあり方」というのは、「ありのまま」と言い換えてもいいかもしれません。

無理な成長や無理な利益拡大ではなく、「ありのまま」を守り、それで人びとを幸せにしていく。それこそがわれわれ「船橋屋」の存在意義なのです。

松下幸之助翁が述べた「自然の理法」

このように「自然のままに」を受け入れることこそが経営の本質だと気付いた私は、「経営の神様」と呼ばれるあの偉大な先人も、「自然」と「ありのまま」の大切さを指摘していたことを思い出しました。

そう、松下幸之助翁です。

幸之助翁は周囲から経営の秘訣について尋ねられると、このように答えていました。

「別にこれといったものはないが、強《し》いていえば、〝天地自然の理法〟に従って仕事をしていることだ」（松下幸之助著『実践経営哲学』ＰＨＰ研究所）

雨が降ってきたら濡れてしまわないように傘を差すように、今なすべき当たり前のことを当たり前に実行する。それこそが、「経営」である、とおっしゃっているのです。

そして、「自然の理法」の特質は生成発展であり、会社経営というものは、「自然の理法」に従えば成功できるようになっていて、それが時として成功しないのは、「自然の理法」にのっとり仕事を進めていないからである。やるべきことをやり、なすべからずはやらなければ、成功するのは、一面簡単であると述べています。

このお話を思い出した私は、「私たちがやってきたことはまさにこれだ」と確信をしました。

「自然」に決して逆らうことなく、「ありのまま」を大切にする「船橋屋」という会社は「自然の理法」に従ってきただけなのです。

そもそも自然のものを自然に食することは、今のファスト化・効率化を重視した食文化のなかにあっては、ある意味、最高の贅沢かつ幸せであり、これこそが「くず餅」を通して事業を行なう「船橋屋」の使命なのです。

そのために、今なすべきことを当たり前のようにやっていく。そう思いました。

「自然」に逆らうと人は苦しくなる

こうして、自分が「悩める経営者」になってしまった理由がすべてわかりました。

これまで私は「立派な八代目当主になる」「『船橋屋』ののれんを守る」ということをつねに念頭に置いてきました。しかし、じつはそれはそれほど大事なことではないにも関わらず、大事だと思い込んで一生懸命やっていたから、苦しかったのです。

要するに、「自然の理法」と真逆のことをしていたのです。

自己中心的な理想にしがみつき、「売上」や「利益」の拡大のみを重視したマネジメントは「不自然」な行為であり、必ず苦悩を生みます。

お恥ずかしい話ですが、銀行員を辞めて「船橋屋」に入社した当初、この大切なことを私はすっかり忘れていました。だから、「自然の理法」に逆らうようなことをして、仲間たちと衝突するなどの失敗を繰り返したのです。

そこで、二度とこの本質的で大切なことを忘れないため、私が胸に刻んでいること。「今」の現状をありのままに受け入れ、強く「ここ」という場を感じ、なすべきことを当たり前にやる。そして、時に思い悩むことがあっても、「自分」とは何者かという点に向き合うことで自然とやるべきことは見えてくる。

そんな思いを込めて自分にこう言い聞かせています。

「今、ここ、自分」を大切に!!

ワクワク経営

「売上」や「成長」ではなく「幸せ」を経営目的とする

「究極の2つの問い」

このような過程を経て、私は「Ｂｅｉｎｇ経営」にもつながる「今、ここ、自分」という考えにようやくたどり着くことができました。

ちなみに、自分たちは何か、誰のために存在するのかという問いかけを繰り返して、進むべき道を浮かび上がらせていく方法を、私は**「究極の2つの問い」**と名付け、講演などでお話をさせていただいています（次ページ図参照）。

まず、**「自分の会社は誰のためになぜ存在していますか」**という質問を投げかけます。

「究極の2つの問い」

この会社は
誰のために　なぜ
存在するのか?

お客様は
なぜ　今　（他社ではなく）当社から
この商品を　買わなくてはならないのか?

次に、**「お客様はなぜ、今、（他社ではなく）皆さんの会社の商品を買ったり、サービスを利用するのでしょうか」**と質問します。

残念ながら、この2つの問いに即答できる方はほとんどいません。

冗談っぽいことを言ってお茶を濁したり、苦笑いをしたりという反応がほとんどです。「忙しくてそんなことを考える暇もない」という経営者の方もいらっしゃいました。

このように、自分（会社）と向き合わないまま、組織を率いているリーダーが多く存在しているのです。

「今」の大切さに気づかせてくれた吉川英治の金言

ここで誤解をしていただきたくないのは、問いの答えを**決して一人で自分と向き合い導き出す必要はないということです。**

これまでの人生で誰かに言われたことや、あるいは普段支えてくれている人たちがかけてくれた何気ない言葉も自分と向き合うための「ヒント」になります。

私の場合、それは祖父との大切な思い出でした。

私の祖父、つまり六代目当主は、幼かった私をよく膝に乗せて、いろいろな話をしてくれました。そのなかでも印象深いのが、吉川英治さんの話でした。ご存じ、『宮本武蔵』などで知られる昭和を代表する大作家ですが、じつは「船橋屋」と浅からぬご縁があります。

吉川英治さんは、パンに黒蜜をぬって食べるのが好きで、執筆に疲れるとこの黒蜜パンを食していました。そこで美味しい黒蜜を探し求めていくうちに、船橋屋の黒蜜をたいそう気に入ってくれたのです。

吉川英治が揮毫した「船橋屋」の看板

これがご縁で、吉川さんと船橋屋との親交がスタートし、ほどなくケヤキの一枚板に『船橋屋』と見事な墨書を揮毫《きごう》してくださることとなったのです。吉川さんがこのような大きな看板に文字を書くことは後にも先にもこの1回限りのことです。歴史的資料としても大変価値があるこの看板は、現在も船橋屋本店の喫茶ルームに掲げられています。

話が少し脇に逸れましたが、この吉川さんのお話を祖父はよく好んで私にしてくれました。なかでも、印象的な話を思い出しました。

《登山の目標は山頂と決まっている。しかし、人生のおもしろさ、生命の息吹の楽しさは、その山頂にはなく、却って、逆境の、山の中腹にあるといっていい》

これは吉川さんの『太閤記』という作品中に登場する言葉です。上ばかりを見て父や古参社員と衝突ばかりしていたあの日を振り返ると、しみじみとこの言葉の意味を感じることができます。

吉川さんがおっしゃるように、目標が山頂であることは揺るぎません。しかし、その目標を達成するための目的——つまり、なぜ山に登るのか、誰のために登るのかということがわからなければ、登山は単なる「苦行」になってしまいます。

しかし、その目的をすべて理解したうえで山に登れば、世界はまったく違って見えてくるでしょう。五感も研ぎ澄まされて、綺麗な空気、小鳥のさえずり、そして自然や景色の美しさにまで気づくことができます。

吉川さんは、登山という行為そのものの意味や価値をしっかりと見出すことで「山の中腹」という「今」を楽しめると伝えたかったのではないでしょうか。

道に迷ったら、どちらが「ワクワク」するかで選ぶ

この吉川さんの言葉を踏まえ、私は登山の意味や価値をしっかり定め、「山の中腹」にいる瞬間を思い切り楽しもうと決めました。

だからこそ、「くず餅」の素晴らしさを社会に広げ、どのようにして関わるすべての人を「幸せ」にすることができるのかを深く考えることを経営の第一義としたのです。

「そんな経営方針は聞いたことがない」「売上や利益を判断基準にしない会社経営などうまくいくわけがない」と思う方もいらっしゃるかもしれません。

しかし、ちょっと冷静に考えてみてください。

「売上・利益の拡大による成長が目的」の会社
「関わる人を幸せにすることが目的」の会社

あなたが社員なら、どちらの会社に入りたいですか？　お客さまの立場なら、どちらの会社の商品を買いたいですか？

拡大・成長というのは、会社が存続する上では必要不可欠ですが、あくまでもそれは結果であり、その会社の存在意義ではありません。

自分たちの存在意義とかけ離れたことを経営方針として、「もっともっと」と欠乏感の充足を追い求めると、会社全体は苦悩の集団と化して、最終的には機能不全へと陥らせてしまうのです。

「船橋屋」においては、「くず餅」を通し「幸せ」を広めることが存在意義なので、自ずと組織の進むべき方向を定めていく際にぶれが生じることはありません。経営方針で迷うことがあれば、「どっちの選択のほうが、ワクワクと胸が躍るようなイメージができるか」を自問して、自分たちの進むべき道を探っていきます。

「幸せ」を基準としているから、就職希望が殺到する

そんな大学生のサークル活動のようなやり方で会社の舵取りをするのは無責任だと言う方もいるでしょう。ワクワクするかどうかで会社経営ができればそんな楽なことはないと思う方もいるかもしれません。

しかし、実際にこれだけで、状況はガラッと変わりました。

「今、ここ、自分」を大切に、**「それは幸せにつながるか否か」**ということを経営の基準に据えるようになってから、「船橋屋」はあらゆることがうまくいくようになったのです。

まず、冒頭で述べたように、社員・パートのモチベーションがこれまでと比べて劇的に向上しました。

こちらがＰＤＣＡサイクルを厳重に管理しなくても、自主的に自分たちから次々とアイディアを出して実行、運営してくれるようになったのはもちろん、職人の皆さんも、自ら率先して人材育成のためにさまざまな取り組みをしてくれるようになったことで、後継者が育たないという問題も解消されていきました。意識が上がったことで、いつの間にかヤンキー風社員や「タメ口接客」も消えていきました。

そして、私個人のことで言えば、父や古参社員の方たちと衝突するようなこともなく、もともとの「人生は楽しむもの」というモットーの楽観的な八代目に戻ることができました。

このように「船橋屋」のスタッフから出てくる「幸せ」な雰囲気は、お客様にも敏感に伝わります。これまでご愛顧していただいた方はもちろん、「船橋屋」に足を運んでいなかった方も多く訪れてくださるようになったのです。

そして、その結果として成長を果たすことができました。「くず餅」という消費期限2日の食品の特性上、大きく事業を拡大していないにもかかわらず、順調に業績が右肩上がりになったのです。

そのような好調さもあって、気がつけば、10年前は200人程度であった新卒エントリーも1万7000人以上が殺到するような「人気企業」になっていたのです。

これらはすべて私たちが「幸せ」「楽しさ」「ワクワク」というものを基準とする経営に舵を切った成果なのです。

そして、このように自らの心に素直に従って「ありのまま」を目指していくことが、本書で皆さんにご紹介したい「Being経営」の真髄とも言うべき点なのです。

とは言え、このような話は簡単に受け入れにくく、イメージが乏しければ、再現することも難しいと思います。

そこで次章からは、「船橋屋」がどのように「幸せ」や「楽しさ」を組織運営に組み込んでいるのかを具体的にご紹介していきましょう。

Signpost

メンバー（社員）が幸せになる「Being経営」の道しるべ

□自分を縛っている鎖から解放されよう

「○○にならなければならない」「○○すべきだ」という考えを捨てる

□会社やチームのあり方を把握しよう

↓P72の図を参考に、誰のためになぜ自分（会社）が存在しているのかを自問する

□自分が楽しくなれる根源を知ろう

↓「ありのままの自分」に反したり、無理をしている仕事をやめる。代わりに、ワクワクする楽しいと思える仕事を始める

第2章

チームづくりは『ワンピース』を見習え

「Beingマネジメント(経営)」の組織論

真のリーダー

「周囲の評価」が成長を促す

「社内選挙」でリーダーを選ぶ

「船橋屋」という組織が、利益や拡大を企業目的とせず、「幸せ」につながる「楽しい!!」や「ワクワク!!」を何よりも大事な判断基準として運営されていることをご理解いただくのに、最適な制度があります。

「リーダーズ総選挙」です。

「船橋屋」において、私が一人で執行役員などの幹部を決めることはありません。正社員と勤続5年以上のパートの方たちに匿名《とくめい》で投票をしてもらって選んでいるのです。

これは「幸せ」という判断基準に基づく制度です。

想像してみてください。

人間としても同僚としても尊敬できないような人が、ただ社歴が長いからという理由だけで、自分の上司になったらどうでしょう。

おもしろくないですし、不満が生まれるでしょう。

経営者である私がトップダウンで幹部を選出するよりも、働く人たちが納得して選んだ人間を幹部にしたほうがはるかに楽しく、ワクワクしながら、「幸せ」に働けると思いませんか。

この「リーダーズ総選挙」はこれまで過去2回実施されています。

第1回の時には佐藤恭子という女性社員が過半数を獲得して、「船橋屋」のナンバー2である執行役員に就きました。彼女は現在も企画本部長として、イノベーションやSNS戦略などの「船橋屋」の重要な経営課題にリーダーシップを発揮して挑んでくれています。

また、2回目の選挙では、社員の支持を集めた6人を部長職・課長職に抜擢しました。

ちなみに、6人中2人はまだ20代の若者でした。

こうした制度に対して、「社員たちの『好き・嫌い』で出世できてしまうなんて、これまでコツコツと真面目に働いてきた人間の努力が報《むく》われなくて可哀想だ」と思う人もいるかもしれませんが、そんなことはありません。

これまでの選挙で多くの支持を得た社員たちに共通するのは、「誰もが納得する」社員だということです。

単に愛想が良かったり、交友関係が広いとかではなく、日頃の働きぶりや努力している過程を誰もが知っていて、誰もが認める実績のある人間です。みな自分たちのリーダーになる人間なので、ちゃんと普段の姿を見て評価しているのです。

33歳の女性社員がナンバー2に！

選挙を実施した人事配置のほうが、社長の好みで決めるような人事よりもはるかに公平ですし、納得感があります。

実際、最初はああだこうだと不満をこぼしていた人たちも、ほどなくしてこのシステムを受け入れ、モチベーションが上がっていきました。

たとえば、第1回の選挙時にこんなことがありました。

佐藤が執行役員に就任した当時、彼女はまだ33歳でした。

もちろん「船橋屋」には彼女よりも社歴の長い人間がたくさんいましたので、そのようなベテランを何人もごぼう抜きして、ナンバー2に大抜擢されたという形です。

当然、ベテラン社員のなかには、この佐藤の執行役員就任に対しておもしろくない者もいたと思います。人づてに退職したいという声も聞いていました。

彼らの不満はよく理解できます。ただ、あえて私はそこで彼らの気持ちに寄り添うわけでもなく、突き放して「挑発」しました。

過半数という圧倒的な支持を得ることができたのは、単に「好き・嫌い」という次元の話ではなく、佐藤恭子という社員の働きぶり、そして実績を周囲が正当に評価したことでもあります。

「納得がいかないのなら、佐藤を上回るだけの評価を得て、次の選挙で皆の信頼を得るだけの話。そのリベンジもしないで、文句ばかり言ってもしょうがないのではないか」。その一点で通しました。

結局一人も退職することなく、今では「船橋屋」に欠かすことのできない、リーダーとして活躍してくれています。

つまり、選挙で敗《やぶ》れた人間も「周囲の評価」を真摯に受け入れたことで、リーダーとしての自覚や責任感が芽生え、成長できているのです。

「リーダー」は、組織に長くいるからとか、社長に気に入られているからといった理由でなるものではありません。組織のメンバーたちの「評価」が、その人をリーダーへと変えていく、その本質的な部分を「選挙」という「ワクワク」するイベントを通じて、みんなに知ってもらっているのです。

メンバーとの橋渡し役

最強のナンバー2を育てる

「船橋屋」が目指す「麦わらの一味」

「リーダーズ総選挙」をスタートさせたのには、もう一つ大きな狙いがあります。

それは、「船橋屋」を「麦わらの一味」にするためです。

ご存じのように、「麦わらの一味」とは『ONE PIECE《ワンピース》』（尾田栄一郎原作）の登場人物たち。このコミックは、全世界で累計4億3000万部も発行されています。「海賊王」を目指している主人公・ルフィが個性的な仲間たちと力を合わせて、さまざまな苦難を乗り越えていく冒険が描かれており、テレビアニメ化や映画化もされるなど、子供だけではなく、大人からも非常に愛されています。

「船橋屋」の組織マネジメントは、そのルフィが率いる「麦わらの一味」という海賊の組織をイメージしていただくと、非常にわかりやすいと思います。

「麦わらの一味」と呼ばれるように、この組織のトップはルフィです。

しかし、他のメンバーたちとルフィのあいだには上下関係はありません。ルフィがリーダーシップを発揮して、メンバーを引っ張る場面はほとんどないのです。あくまで彼らは「仲間」同士であり、「海賊王になる」という目標を掲げるルフィを仲間とみなして、そのビジョンに共感して「麦わらの一味」に籍を置いています。

「船橋屋」もこの「麦わらの一味」のような組織を目指しています。

つまり、トップがリーダーシップを発揮して、みんなを引っ張っていくようなものではなく、ビジョンを共有した「仲間」が自発的に動く。

「リーダーズ総選挙」はその好循環を促すための仕掛けの一つなのです。

「オーケストラ型組織」を引っ張るのは指揮者ではない

といっても、『ワンピース』をお読みになっていない方にとっては、なかなかイメージがしにくいことでしょう。

そこで、まずは「麦わらの一味」に近い組織体型として、**「オーケストラ」**を用いてご説明していきたいと思います。

オーケストラは、数多《あまた》の演奏者から編成される巨大組織です。演奏者は個々で技術を磨き、自分たちの感性で楽器を奏《かな》でます。その個々の力が指揮者の下で、高度にマネジメントされることで、個人の力では到底たどり着けない美しいアンサンブルが作り出されます。

オーケストラの演奏を見ていると、指揮者がふるっている指揮棒一つで、何十人という演奏者を操《あやつ》っているように見えます。しかし、じつはそうではなく、指揮者は演奏のイメージと方向性を伝えているのです。また、音階が乱れたり不測の事態には迅速《じんそく》に修正し、ボリュームが物足りない時には抑揚をつけたりします。

その意味では、指揮者は「演出家」ともいえます。

「リーダーズ総選挙」の目的は、「コンマス」を選ぶこと

指揮者のイメージをオーケストラへ伝え、リードする役割を担《にな》っているのが、「コンサートマスター」です。

コンサートマスター（以下、コンマス）は、一般には第1ヴァイオリン（ヴァイオリンの第1パート）のトップ奏者がこの職を担います。オーケストラの成功は、すべてはコンマスにかかっていると言われるほど重要なポジションです。

コンマスの仕事は主に2つ。まず、オーケストラの演奏が始まる前のチューニングという音の調整。もう一つは、指揮者のイメージを演奏者にわかりやすく伝え、時にそのイメージへと誘導をしていく役割。わかりやすく言えば、**指揮者と演奏者たちの橋渡し役**です。

では、オーケストラのキーマンであるコンマスには、どのような人がふさわしいでしょうか。

ポイントは、演奏者たちから「まとめ役」としてしっかりと認められていること。

■「オーケストラ型組織」における指揮者の役割

実質的なリーダーは
コンサートマスター
（コンマス）
①方向性を示す
②不測の事態の対応
③刺激を与える
（トライさせる、変化させる）

そのためには、何よりも「実力」と「人間力」が不可欠です。誰もが認めるような高い演奏技術はもちろん、演奏者たちからの圧倒的な信頼が求められます。

そのオーケストラに長く在籍しているからとか、年長者であるとか、指揮者と個人的に仲がいい、なんてことは一切関係ありません。大切なのは、オーケストラの主役である演奏者たちから、「支持」されているか。これがコンマスのすべてと言っていいでしょう。

ここまでお話をすれば、私が「リーダーズ総選挙」という制度を考案した狙いがわかっていただけたのではないでしょうか。

それは、「船橋屋」をオーケストラ型組織にしていくには、誰を「コンマス」にするのかが極めて重要だということです。

指揮者である私との相性を基準に選んだり、社歴の長い人間を据えても、社員たちをうまくまとめることはできません。

ならば、残された方法は一つ。誰もが認める実力や実績があり、この人ならば納得だというリーダーを、自分たちで決めればいいのです。

「リーダーズ総選挙」というのは、「船橋屋」というオーケストラをまとめ上げてくれるコンサートマスターを選ぶ制度なのです。

社長が不在でも「船橋屋」が安泰なワケ

こうして選ばれたのが、佐藤恭子です。周りの社員やパートの方々が「コンマス」に選んだわけですから、指揮者である私も当然、彼女に演奏の橋渡しをお願いします。

コンマスだからこそ、ナンバー２に抜擢したのです。

そして、この狙いは見事当たりました。佐藤はリーダーとして、みんなを引っ張って、さまざまな新しい取り組みや人事・組織運営、そして商品開発など多岐に亘《わた》って活躍してくれています。今ではさまざまな部門にコンマスである佐藤の影響を受けた若手が成長して、「ミニ・コンマス」として、同僚や後輩たちを引っ張ってくれているのです。

このような話を聞くと、「じゃあ、トップのあなたは何をしているの?」と疑問に思われる方もいるでしょう。

事実、私や「船橋屋」を昔からよく知る人たちのなかにも、そのような印象を抱いている人もいます。いつも忙しそうに動きまわって、リーダーシップを発揮して現場を引っ張っている佐藤を見るたびに、こんなことを言ってきます。

「社長は本当に幸せものですね。佐藤さんみたいな頼れるナンバー2がいるおかげで、安心して会社を留守にできるじゃないですか」

私もこういう性格なので、「ええ、私なんかいなくてもぜんぜん平気ですよ」などと軽口を叩いていますが、じつはこれは「オーケストラ型組織」の本質を突いた指摘です。

オーケストラで重要なのはコンマスの資質なので、優秀なコンマスがいれば極端な話、指揮者が不在でも、それなりにしっかりとしたアンサンブルを奏でることができるのです。

今の「船橋屋」はまさしくその状態で、佐藤というコンマスがいて、社員をしっかりとまとめて上げてくれています。もちろん、すべてを佐藤一人では見られませんので、彼女に影響を受けた次世代のコンマスたちも力を発揮してくれています。

それでは、指揮者である私の仕事は何でしょう。

それは、演出家として**圧倒的な「ビジョン」を描き、それを「船橋屋」の仲間たちに刺激的でワクワクする形で示しながら、「ビジョン」を実現するための強い組織をつくることです。**

トップの仕事①

組織の進む道を「絵葉書」で示す

ナンバー2が組織の進むべき方向を理解しているか

先ほど、優秀なコンマスがいれば極端な話、指揮者がいなくてもオーケストラは演奏ができると申し上げましたが、これには条件があります。

コンマスが、指揮者のイメージや方向性をしっかりと理解していることです。

このオーケストラをどう演出したいのか、どのような演奏をしてもらいたいのかが見えていないのに、組織をまとめ上げることなど、とても無理な要求だからです。

オーケストラ型組織もまったく同じです。

前章で述べたような、「船橋屋」が誰のためになぜ存在するのかという問いかけを十分理解し、なおかつ、私が掲げる、無理な拡大成長よりも「幸せ」を重視する経営を率先垂《そっせんすい》範《はん》できていることが重要です。

そうはいっても、これはナンバー2だけがわかっていればいいというものでもありません。完璧に理解をしていなくとも、すべての社員たちが、「組織として進むべき方向性はこっちだ!」という大まかな方向性がわかっていなければ、どんなに優秀なナンバー2でもまとめ上げるのは難しいでしょう。

つまり、「オーケストラ型組織」の指揮者であるトップは、2つの重要な仕事をしなくてはいけないということなのです。

まず**「この組織がどう進み、どのような形になるのか」というビジョンをしっかりと確立して、組織の仲間たちに刺激的でワクワクする形で示す**ということです。

具体的には、「今年、何を目指していくのか」「どのようにして『幸せ』をお客様に届けていくのか」「来年、3年後、そして5年後にはどのような組織になっているか」といったビジョンを掲げることです。

もう一つは、**私が描いたビジョンを完全に共有できるナンバー2、コンマスを選び、「コンマスがリーダーシップを発揮しやすい環境を整えながら強い組織をつくっていく」**ことです。

中期経営計画をわかりやすくビジュアル化

では、このトップのやるべき2つの仕事について、私自身が「船橋屋」でどのように進めているかをご紹介しましょう。

まず、社員にビジョンを示すことですが、私は**「目的地の絵葉書を見せる」**という言い方をしています。

そもそも自分たちは何者かということや、どこへ向かえばいいのかということは、非常に難解な話です。いくら同じ組織にいて長く苦楽を共にしている仲間であっても、打てば響くというように、すぐにすべてを理解してもらうことはできません。

それは、行ったこともない異国の地の食べ物や文化の話を延々と聞かされるようなものです。

そこで、私は、わかりやすい「絵葉書」にして社員やパートの方々に提示します。

これまで見たことのない美しい景色や、壮大な大自然の絵葉書を見たら、皆さんはどう思うでしょう。ここがどこの国で、どの場所にあるのかということよりも、まずは興味を持ってくれるでしょう。そして、「行ってみたい」「この目で見てみたい」という好奇心が湧き上がるはずです。

このような人間の当たり前の感情を踏まえて、ビジョンを、「目的地の絵葉書」として提示するのです。

その具体的な方法が、図のようなビジュアル化です（P99〜106）。

これは「くず餅」というものが、そもそも一体なんなのか、前章で述べたような、「船橋屋」がどのような理念を持って今日までやってきたのか、そしてこれからどのような方向性を目指していくのかという、いわば「中期経営計画」です。

これを社員だけではなく、パートの方など「船橋屋」に関わるすべての仲間たちに配布しているのです。

ビジュアルにすることで難解になりがちなビジョンや理念という企業の存在価値をわか

中期経営計画①表紙

船橋屋　中期経営計画 (2019～2022)
ビジョン
くず餅　Re BIRTH 宣言！！
～発酵の力で日本を元気に２０２２～
FBGs
1
くず餅
マーケット拡大
2
開発
3
生産体制の強化
4
くず餅乳酸菌® を使用
したイノベーション
5
ヒューマンリソース
6
環境対策
1人見厳禁

私たちの働く意味と価値	「仕事を通し自己成長」 お客様の喜び、会社の発展を実現することによって、私たち自身も物心両面の豊かな人生を送ります。
私たちの心構え	㋗じけない心意気 ずっと磨き続ける自慢の商品 もっと良いを実現する経営体制 ちから強く今ここに全力投球する人財 私たちは「経営理念」に賛同し、「私たちの働く意味と価値」を達成するために、４つの成果「品質の最適」「売上の最大」「経費の最小」「時間の最短」の創出を自らの行動に表します。
私たちの8つの基本行動 今やる ここでやる 自分がやる	1. 私たちは定量化できる目標を設定します 2. 私たちは物事を前向きに捉え積極的に行動します 3. 私たちは約束したことを必ず守ります 4. 私たちは過去の慣習にとらわれず常に改善をします 5. 私たちは事前準備を整え時間を有効に使います 6. 私たちは惜しまず成長の為の自己投資をします 7. 私たちは「共に勝つ」の気持ちで周囲に心を配ります 8. 私たちは仲間の成長を願い自分の一番得意な仕事を教えます

▌中期経営計画②KUZUMOCHIZM

KUZUMOCHIZM
くずもちIZM

船橋屋で働く私たちの『大切にしたい想い』をここに記載します。KUZUMOCHIZMを常に意識し行動していきましょう

社訓	売るよりつくれ 浮利をおうな
経営理念	く・ず・も・ち　ひと筋真っ直ぐに 私たちは誠実と潔さを美徳とし、お客様の「刹那の口福」のために、妥協のない商品づくりと真心を込めたおもてなしを常に実践します。そして事業価値の永続的な発展を通し社会に貢献し続けます。
中期ビジョン	くず餅 Re BIRTH 宣言!! 〜発酵の力で日本を元気に2022〜 Re BIRTHとは生まれ変わりを意味する。くず餅の機能性である乳酸菌発酵の力を人々に認知してもらい、体感頂く事で健康且つ心豊かな社会の実現に貢献します。
マネジメントポリシー	一燈照隅（いっとうしょうぐう） 一人ひとりが主役。みんなの燈火（ともしび）を集めて、会社から社会を照らそう。

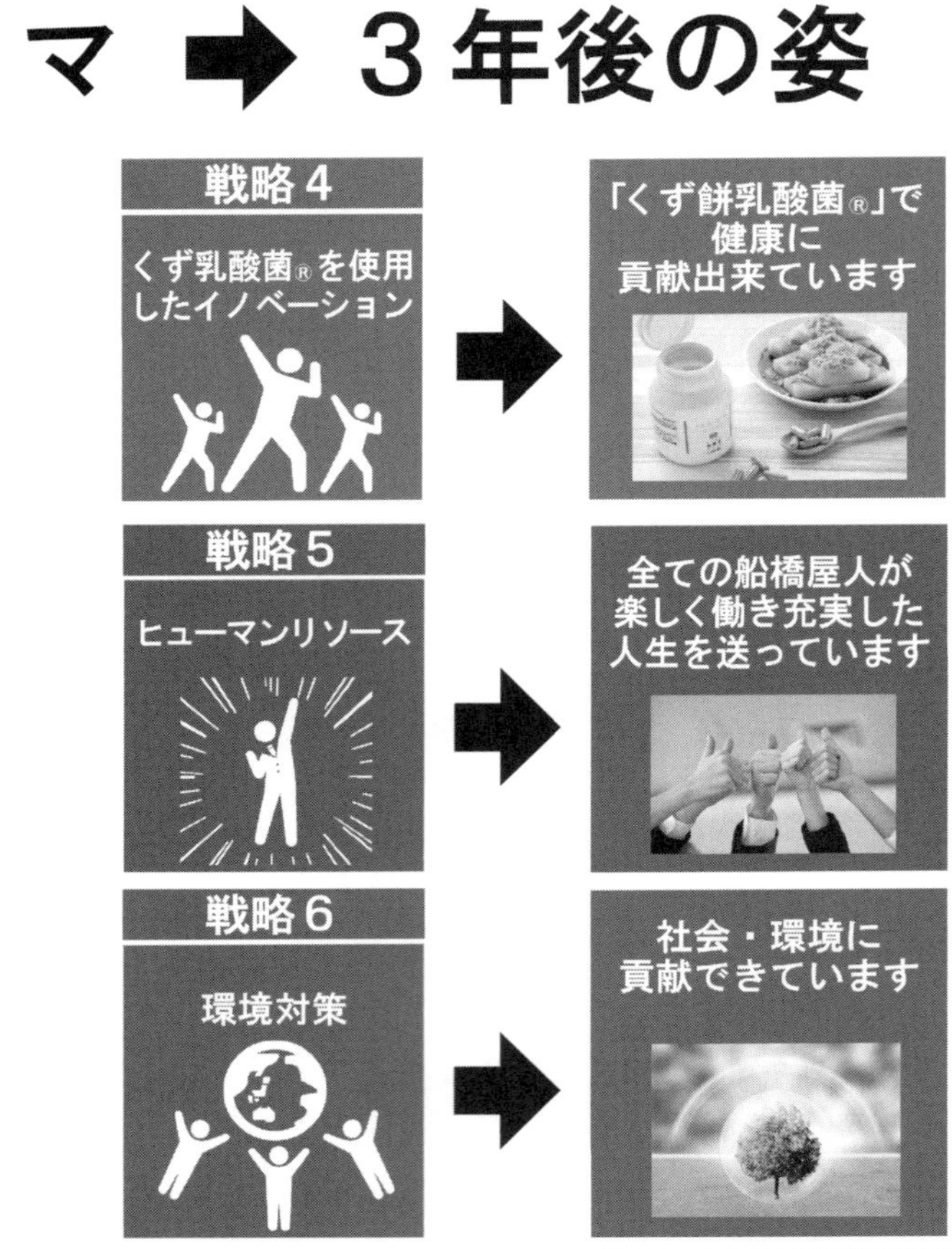
マ ➡ 3年後の姿
戦略4
くず乳酸菌®を使用したイノベーション
「くず餅乳酸菌®」で健康に貢献出来ています
戦略5
ヒューマンリソース
全ての船橋屋人が楽しく働き充実した人生を送っています
戦略6
環境対策
社会・環境に貢献できています
健康提案企業へ生まれ変わっています

中期経営計画③3年後のビジョン

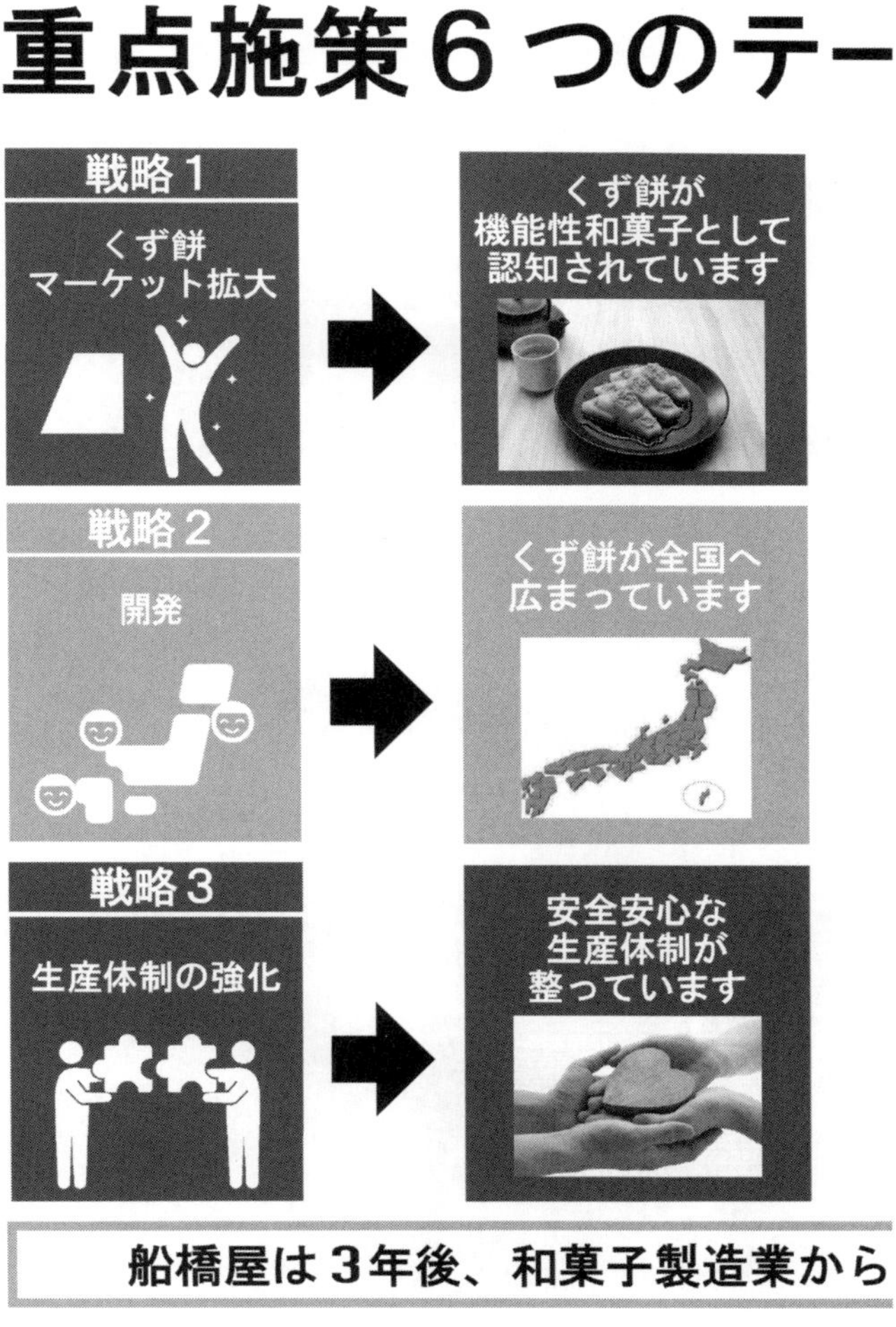
重点施策6つのテー
戦略1
くず餅
マーケット拡大
くず餅が
機能性和菓子として
認知されています
戦略2
開発
くず餅が全国へ
広まっています
戦略3
生産体制の強化
安全安心な
生産体制が
整っています
船橋屋は3年後、和菓子製造業から

FBGs【エフビージーズ】って？？

世界では、「SDG s
(エスディージーズ)」
という 2016 年から
2030 年までの国際
目標があります。

※SDG s 17 のゴール

持続可能な世界を実現するための 17 のゴール・169 のターゲットから構成され、地球上の全ての人を対象とし誰一人として取り残さないことを誓っています。

それを船橋屋流にアレンジしたものが「**FBGs**」です！

中期経営計画④FBGsの取り組み

▌中期経営計画⑤【戦略】「くず餅乳酸菌®」を使用したイノベーション

画：芳本武始

戦略4　くず餅乳酸菌®を使用したイノベーション

1　目的

船橋屋にしか出来ない、独自の「くず餅乳酸菌®」を世に送り出し、多くの人たちの健康に寄与するため。

2　具体的な戦略	3　3年後の姿	4　みんなに取り組んでほしいこと
■くず餅乳酸菌®を使用したサプリ、エネルギーチャージの販売 ■くず餅乳酸菌®の商品・店舗開発 ■くず餅乳酸菌®の原料供給 ■くず餅乳酸菌®の研究 （機能性取得）	くず餅乳酸菌の海外進出。 →国内外共に「くず餅」認知度UP 様々な形で「くず餅乳酸菌®」を取ることが出来るように新たな商品開発・店舗展開が実現。	乳酸菌や健康、腸活などに関する様々な情報提供をお願いします。 →様々な可能性を探ります。 エビデンス取得のためのモニターやアンケート実施の際はご協力をお願いします。

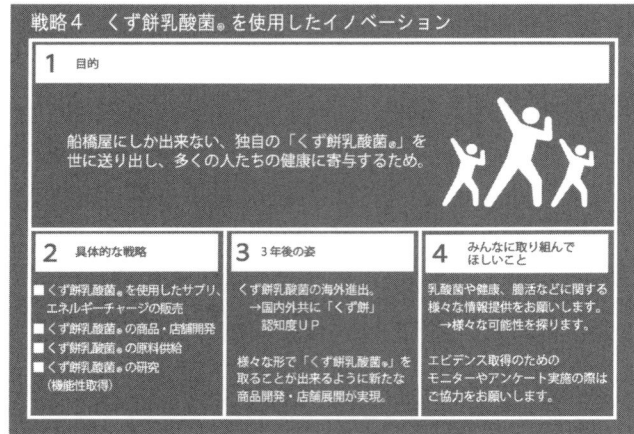

りやすく伝えることができます。

この「中期経営計画のビジュアル化」をしたところ、「船橋屋」で働く人たちの意識は明らかに変わりました。

先輩や後輩など年次に関係なく、「船橋屋」のあるべき姿や、ビジョンなどについて、当たり前のように話し合うという空気が社内に生まれたのです。

なかでも顕著な変化が見られたのが、パートやアルバイトの方たちです。

じつは、これまでパートの方などは、中期経営計画などを示してもほとんど興味を持っていただけませんでした。皆さん、奥様や母親として毎日忙しい日々を送っている方がほとんどですので、分厚い中期経営計画などを渡されても目を通す時間がないのです。

それがビジュアル化されたことで、多くのパートの方が興味を持ってくれました。とくに嬉しかったのが、私が子供の頃から「船橋屋」で働いてくれているベテランパートの女性からの言葉でした。

「社長、すごくおもしろかったよ。これまで中期経営計画なんて言われても私たちには関係のない話だと思って興味がなかったんだけど、それじゃあダメだよね」

ビジョンを示して、それを少しでも興味を持ってもらえるようにわかりやすく伝える。

これが、私が申し上げた「目的地の絵葉書を見せる」ということであり、トップである社長にしかできない「仕事」なのです。

トップの仕事②

社内の「語り部」を増やす

会社の強みを社員が自覚しているか

ビジョンを描き、みんなに示したあとにやらなくてはいけないことは、それをしっかりと理解した「語り部」を組織内で増やしていくことです。

これこそが、トップのするべき仕事の2つ目である「コンマスがリーダーシップを発揮しやすい環境を整えながら強い組織をつくっていく」ことにほかなりません。

組織のトップである私と理念やビジョンを共有していることも大事ですが、「語り部」たちにやってもらいたいのは、その理念やビジョンを周囲にも広めることです。

「船橋屋」が大事にする考え方や、「くず餅」のこと、中期経営計画の奥にある意味など、私が描いたビジョンや理念を、私が語っているように雄弁に語り、仲間同士で大いに語り合いながら、組織内の隅々に行き渡るまで伝播《でんぱ》させてもらいたいのです。

この「語り部」たちを社内にどんどん増やしていくことが、社長の腕の見せどころだと私は考えています。

「語り部」が多い会社は、トップの理念やビジョンが隅々にまで浸透しており、組織はつねに活性化している状態になります。

社員の一人ひとりが、自分の言葉で、自分たちの会社の存在意義を語れるのは、他の会社にはない独自の強みを自覚して行動している証《あか》しだからです。

ちなみに、そのような個々の意識が、組織全体の雰囲気や社風に影響を与え、組織としての成長をうながし、ひいては社会への貢献につながることを安岡正篤氏は「一燈照《いっとうしょう》隅《ぐう》」という言葉で説明しました。一人ひとりが光輝くことで、社会の隅まで明るく照らす存在となる。

この「一燈照隅」は「船橋屋」のマネジメント・ポリシーにもなっています。

「自分の想い」と正直に向き合った人間だけが「語り部」になれる

では、「船橋屋」では、「語り部」をどのように増やしているのでしょうか。

まずは、「リーダーズ選挙」が果たしている役割が大きいです。

年功序列ではなく、中堅社員の佐藤恭子がナンバー2に大抜擢されたことに触発される形で、若い社員だけではなく、ベテラン社員の心境にも変化が訪れました。次々と、佐藤のようにビジョンや理念を理解した「語り部」になっていったのです。

「語り部」が増えることにより、彼女にとって仕事がしやすい環境に変わっていきます。

つまり、オーケストラ型組織においてコンマスが輝くには、組織をまとめ上げるだけにとどまらず、ビジョンや理念を浸透させる「語り部」を増やしていく必要があるのです。

「語り部」が増えたのは、「リーダーズ総選挙」だけが要因ではありません。

より「語り部」が生まれやすい環境に整備するために、豊富な研修制度を導入しました。

「船橋屋」は、同規模の会社と比較すると社内研修が驚くほど多いのです。

内定者研修や入社時の新人研修はもちろん、中堅、ベテランになっても、外部からさまざまな講師を招き、バラエティに富んだ社内研修を実施しています。

内容は階層や年次によって変わってくるのですが、すべての研修に共通していることが一つだけあります。


それは、**「自分」と向き合うことを目的とした研修**だということ。

● なぜ自分は「船橋屋」に入ったのか
● 自分は「船橋屋」のどこに魅かれたのか
● そして、「船橋屋」でどのような自己実現をしたいのか

このように「自分」というものと深く、そして真摯に向き合ってもらうのです。

何やらスピリチュアル的なものや、自己啓発セミナーのようなものをイメージされるかもしれませんが、そのような意図は一切ありません。

すべては、「船橋屋」の事業に必要だから実施するのです。

そもそも、自分と向き合えない社員に、誰のためになぜ会社が存在し、社会のために何

ができるかなどを深く考えることなどできるはずがないでしょう。

ですから、自分と向き合えない人は、「船橋屋」の「語り部」にはなれません。

社長の仕事はこの「語り部」を社内で一人でも多くつくっていくことです。

社員を「見えない鎖」から解き放つメンタル研修

では、社員のみんなに「自分」と向き合ってもらうためにはどうすべきでしょうか。私が南インドで行なった瞑想などを繰り返すというのは、さすがにハードルが高いです。

そこで実施しているのが、セラピストの方を講師に招いた**メンタル研修**です。

この研修の大きな目的は、誰もが持っている幼い時からの心の痛みや思い込み——私たちはこれを「トゲ」や「ビリーフ」と呼んでいるのですが、その痛みと真正面から向き合うということです。

まず、自分の本当に辛いこと、苦しんでいることとは何かということを、セラピストに入ってもらって徹底的に掘り下げていきます。

さらに、自分が「こうあるべき」と考えていることが、本当に自分自身が成長をしていく過程で考え出されたものなのか、あるいは親から幼い頃に刷り込まれたものなのかということを見極めていくのです。

この「こうあるべき」と刷り込まれた考えを、私は、自分でも知らず知らずのうちに、自分の心を縛っている**「見えない鎖」**と呼んでいます。

「鎖」とは、社会道徳や親の「しつけ」などによって、子供の時からいつの間にか刷り込まれた思い込みのこと。近年、子供の人生を支配するかのような高圧的な態度で行動を制約したり、進むべき道を勝手に決めたりする親のことを呼ぶ「毒親」という言葉や、自分の子を支配するような精神的暴力をふるう母を指す「モラ母」などという言葉が注目を集めていますが、これなどは典型的な「見えない鎖」です。

そして、多くの人は、自分が「見えない鎖」で縛られていることさえ自覚していません。何らかの違和感を感じながら、日々を過ごしているケースが多いのです。

個人的には、これが現在の日本が「生き辛い」と評されることの原因の一つだとさえ思っています。

この「見えない鎖」に縛られている人は、知らず知らずに自分で自分の限界をつくってしまい、何事にも変化を恐れてチャレンジしようとしません。

「鎖につながれた象」という寓話があります。

動物園の象は、細い鎖に繋がれていても、おとなしくしています。象ほどの巨体とパワー、そして知能があれば、細い鎖など簡単に引きちぎって自由に動き回ることができるにもかかわらず、です。

なぜ彼らは黙ってそのような状況に従っているのでしょうか。それは、幼い頃からその細い鎖で繋がれているからです。自分はこの鎖があるから逃げられないと幼い頃からしつけられているのです。

必要なのは「いい子」ではなく「自分と向き合う人間」

なぜそんなことが、一介の企業経営者に断言できるのかというと、そのような「見えない鎖」に縛られた若者たちを多く見てきたからです。

新卒採用、中途採用でこれまで何千人という若者と会って話をしてきましたが、そこで気づいたのは、親が勝手に決めた道、親が勝手に正しいと言っていることを、まるで自分の考えだと思い込んでいる人が、思いのほか多いということです。

つまり、親に与えられた現実を、自分の現実だと錯覚しているのです。

親の立場からすれば、「素直な子供」でいいじゃないか、と思うことでしょう。

しかし、残念ながらこのような人は、素直さはあっても、新しいことにチャレンジするような気概がないことが多いのです。

たとえば、幼い頃から「危ないことをしちゃダメ」とか「みんなと同じようにしないと、みっともないわよ」などと注意されて育ったような人というのは、社会人になっても、上司の言うことを非常によく聞く従順な社員になります。

これはこれで一つの美徳かもしれませんが、残念ながら自分で何か新しいことを考えるとか、周囲を驚かせるような挑戦はできません。

親によって幼い頃に刷り込まれた「見えない鎖」によって、大人になっても発想や行動が制約されてしまうのです。社長として人材採用に力を入れるようになってから、このような人が非常に多いことに気づきました。

ならば、このような「見えない鎖」から社員を解放することも「船橋屋」の役割、いや、社長である私がやらなくてはいけない仕事だという結論に至ったのです。

「船橋屋」で働く仲間は「いい子」ではなく、「自分と向き合うことができる人間」なのです。そのような考えでこのメンタル研修を導入してから、多くの社員が「見えない鎖」から解き放たれました。

「自分が何に悩んでいるかわかりました」

「子供の時から、自分の本当の気持ちが言えない原因を理解しました」

そんな感想を言ってくれる社員は一人や二人ではありません。そして、その後、皆が「語り部」となり生き生きと活躍してくれています。

リーダー不要論

社長がリーダーシップを発揮しすぎると、組織は疲弊する

社長が社員に近づきすぎると、格差が生まれる

ビジョンや理念をわかりやすく示して、それを自分のことのように語ってくれる語り部を一人でも増やし、強い組織をつくる。

これは裏を返せば、この2つの役割以外のことにトップが手を出してしまえば、「オーケストラ型組織」は機能しないどころか、組織としてもおかしなことになってしまうということです。

もしオーケストラで指揮者が、演奏者一人ひとりに細かい注文をつけ始めたらどうでしょうか。

距離が近くなった演奏者は指揮者と意思疎通ができたことがプラスに働くかもしれませんが、演奏者はほかに何十人もいます。指揮者がやりたい演奏の方向性やイメージを理解した人と、理解していない人が混在してしまい、オーケストラにはセクショナリズムや格差が生まれてしまうでしょう。

会社もこれとまったく同じです。

社長が社員一人ひとりの働きぶりをチェックして、細かな指導やアドバイスを行なうというのは、一見すると、リーダーシップを発揮して、みんなを引っ張っているような良い印象を受けるでしょう。

しかし、社長も体が一つしかないので、すべての人に目が行き届くわけではありません。社長のビジョンを理解する者もいれば、距離のある者も現れてくるので、会社のビジョンに対する理解度に大きな差が出てきてしまいます。

このような事態を避けるには、方法は一つしかありません。

社長がリーダーシップを発揮しない。

オーケストラの指揮者のように、組織が進むべき方向性を示し、そのイメージを理解しているコンマスに任せる。そして、コンマスと同じように方向性を語ることができる「語り部」を増やすことだけに集中すればいいのです。

先ほど私が、ナンバー2がしっかりしていれば、社長が会社にいて社員に細かな指示をしなくてもまったく問題がない、と申し上げたのはこれが理由です。

佐藤というナンバー2がいるので、社長は楽ができていいですねと言われることに対して、私が「ええ、私なんかいなくてもぜんぜん平気ですよ」と答えているのは、半分は冗談ですが、半分は本気で言っているのです。

「麦わらの一味」が強いのは、ルフィがリーダーシップを発揮しないから

さて、このような「社長がリーダーシップを発揮しない」「社長がみんなを叱咤激励《しったげきれい》して引っ張っていかない」というトップ像こそが、「オーケストラ」の成否を決めるポイントだということを理解していただけると、「麦わらの一味」という話も真意をわかっていただけるかもしれません。

この「麦わらの一味」において、主人公のルフィが独善的なリーダーシップを発揮する場面はほとんどありません。仲間たちにあれこれと指図することもなければ、命令をするようなこともありません。

だったら、一味を率いるトップとしていったい何をしているのかというと、「海賊王に俺はなる！」という大風呂敷とも言えるような壮大なビジョンを仲間たちに示して、そのビジョンに基づいて船の行き先や目的を決めているだけです。

つまり、ルフィは、オーケストラでいうところの「指揮者」に当たる人物なのです。

では、「麦わらの一味」のコンマスに当たるのは誰でしょうか。

その都度変わりますが、**メンバー全員がコンマス**です。

ルフィと最初に仲間になった戦闘員のゾロ、航海士のナミ、料理係のサンジ、狙撃手のウソップ、船医のチョッパー、考古学者のロビン、船大工のフランキー、音楽家のブルックなどなど、このチームには個性豊かなメンバーが揃っています。

彼らに共通していることは、「麦わらの一味」が何を目的として存在して、何を大切にしているのか、何を目指しているのかということを、ルフィが語っているように、各々も雄弁に語ることができる、ということです。

ルフィならどうするか、ルフィならば何を大事にするかがいつも頭に入っているので、彼らの行動には迷いがありません。そのため紆余曲折があったり、離れ離れになっても結局、最後にはみな仲間の元へと戻ってきます。

その意味では、彼らは全員が、「麦わらの一味」の「語り部」であり、一人ひとりが組織を活性化させているコンマスなのです。

メンバー全員が、誰に命じられるわけでもなく、迷うことなく「麦わらの一味」のために行動をとることができる理由は、ルフィというトップが余計なリーダーシップを発揮していないからなのです。

私が目指しているのは、まさしくこのようにすべての人がコンマスになれる組織です。

新しいリーダー像

孤独なリーダーは時代遅れ

「孤独で辛い」が「昭和のヒーロー」の絶対条件だった

私が組織づくりをする際に、『ワンピース』を引き合いに出しているのは、ほかにもう一つ大きな理由があります。それは**「現代のヒーロー像」**を、これ以上ないほどわかりやすく教えてくれているからです。

私と同じくらいの40～50代の方からすると、「ヒーロー」と聞いて思い浮かべるのは、『ウルトラマン』や『仮面ライダー』ではないでしょうか。

さて、この「昭和のヒーロー」には、共通点があります。

それは、「たった一人で苦しみや悩みを抱えながらも、巨大な敵に立ち向かっていく」というパーソナリティです。

個々の性格で明るい、暗い、という違いはありますが、どんなに普段は陽気で、軽口を叩くようなノリのヒーローであっても、じつは人に言えないような暗い過去や因縁を背負っていて、その苦悩を一人で抱え込んでいるという設定が非常に多いのです。

その代表が、『仮面ライダー』です。

主人公の本郷猛《ほんごうたけし》は、悪の組織であるショッカーにさらわれて、人間離れした昆虫の能力を得た改造人間です。冷静に考えると、こんな悲劇はありません。

しかし、本郷猛はその悲劇に塞《ふさ》ぎ込むことなく、不屈の精神で敵に立ち向かいます。改造人間にされた苦悩などを周囲にこぼすわけでもなく、自分の正体を隠し、黙々とショッカーに立ち向かうのです。

この時代のヒーローには、多かれ少なかれ、このような「陰」があります。つまり、「孤独で辛い」が、「昭和のヒーロー」の絶対条件なのです。

言われてみれば確かにそうだけど、それがこの本のテーマと一体どんな関係があるのかというと、大いにあります。

この「孤独で辛い」という「昭和のヒーロー像」を現代まで引きずっている人たち。それこそが、企業のトップ、社長なのです。

「現代のヒーロー」は「楽しい」から支持される

悩める経営者の多くは、「会社はこうあるべき」「社長ならばこうすべき」という強烈な使命感、責任感から、たった一人で孤独な戦いを続けています。

その姿は、「正義とはこうあるべき」「悪の組織は滅ぼすべき」という使命感、責任感から、たった一人で巨悪に立ち向かう昭和のヒーローとそのまま重なっているのです。

なぜそうなるのかというと、「時代」の特徴が関係しています。

「時代」がひたすら戦うヒーローを求めた結果、これが現実社会におけるヒーロー、つまり会社を正しい道に率いていくリーダーにとっても、「正しい姿」として定着してしまったのです。

しかし、「時代」は変わります。前章で、父が「船橋屋」を経営していた昭和の時代を「上りのエスカレーター」と評したように、人口減少やテクノロジーの進歩など社会の環境が大きく変わっていけば当然、そこで求められるヒーロー像も変わっていきます。

その象徴が本章で繰り返し述べている『ワンピース』です。

ルフィには『仮面ライダー』の本郷猛のような悲壮感はありません。リーダーとして「孤独」で辛いということもありません。「麦わらの一味」の仲間たちと、辛いことも苦しいことも共に分かち合って、「海賊王になる」というビジョンをワクワクしながら目指しています。

ちなみに最近の『仮面ライダー』も、かつてのような「孤独で辛い」というヒーロー像から変わってきています。仮面ライダーも一人ではなく、たくさんの仲間がいて、それぞれが協力しながら敵に立ち向かいます。一人のヒーローが孤独に戦うスタイルから、「ワンピース型組織」が支持されるようになってきているのです。

では、なぜこのような「ヒーロー像の変化」が起きたのかというと、答えは明白です。今の時代が、仲間と共に楽しみや喜びを分かち合う価値を求めているからです。

そして、新しい時代「令和」にも、「人びとが美しく心を寄せ合うことで、文化が生まれ育つ」という想いが込められているではありませんか。

「楽しい」「ワクワク」が「Ｂｅｉｎｇ経営」の本質

いつも眉間にシワを寄せて、一人で苦悩を抱え込んでいるヒーローがチームを引っ張っても、メンバーたちは楽しいわけがありません。そして、メンバーが楽しそうではないチームを見ても、読者や視聴者は少しもワクワクしないでしょう。

この「楽しい」という状態こそが、「船橋屋」が目指している「幸せ」を判断基準とした経営、すなわち「Ｂｅｉｎｇ経営」の本質なのです。

「くず餅」に関わるすべての人に「幸せ」になっていただくには、まずは私たちが「幸せ」でなくてはいけません。

では、どうすれば「幸せ」になれるかというと、いつも胸が躍る、ワクワクすることを追い求めていけばいいということです。だからこそ、『ワンピース』なのです。

トップである私がやるべきは、ルフィの「海賊王になる」のように、仲間たちが目指すべき目的地を示すことです。そして、その目的地へたどり着くためには、「船橋屋」をどのようにワクワクする組織にするのか、そのイメージや方向性を示して、「仲間」を増やしていくこと以外にないのです。

ちなみに、私たちの3年後の目的地は**「発酵の力で日本を元気に」**（99ページ「中期経営計画」参照）です。

「Ｂｅｉｎｇ経営」における組織論を、ご理解いただけたと思いますので、次章からはその組織を具体的にはどう回していくのか、「語り部」となった仲間たちのモチベーションをさらに上げて、組織としてより活性化していくための施策についてお話をしましょう。

Signpost

メンバー（社員）が幸せになる「Being経営」の道しるべ

□チーム、組織のビジョンを明確にしよう

これまでの慣習にとらわれず、可能な限りわかりやすく3年後のあるべき姿を描く

□自分の考えを誰よりもわかってくれる「コンマス」を見つけよう

普段から身近な存在の人に自分の想いや考えを伝えておく

□チームや組織内に「語り部」を増やそう

メンバーに対しビジョンや理念を何度も繰り返し伝える

第3章

頑張って結果を出すから「幸せ」ではなく、「幸せ」だから「結果」が出る

「Beingマネジメント（経営）」の人財開発

脱成果主義

「昭和の働き方」から脱する

人財開発は「場の力」づくりから

ここまで、「麦わらの一味」やオーケストラ型組織に通ずる「船橋屋」の組織の成り立ち、そしてトップの果たす役割などをご紹介することで、「Being経営」についての理解を深めていただきました。

本章からはさらに実践的な話をしていきます。

まずは、組織を活性化していくための「人財開発」の具体的施策についてお話をしましょう。

大企業であっても中小企業であっても、組織は「人」から成り立っています。その組織がうまく機能するか否かは「人」にかかってくる。組織を成長させていくには「人」を成長させるしか道はない。今さら言うまでもなく、多くの企業が「人財開発」に力を注ぐのは、これが理由です。

それは「船橋屋」も然りで、社内では「人財開発」をこのように表現をしています。

「場の力をつくる」

前章でも述べたように、「船橋屋」の組織は、「一燈照隅」すなわち一人ひとりが輝くことで、会社の隅まで明るく照らし、さらに社会まで照らしていくというマネジメントポリシーを掲げています。したがって、私の仕事とは、一人ひとりが光輝くことができる環境、つまり「場」をつくることです。

「場」に力をつければ当然、一人ひとりが発する光も強くなっていきます。「船橋屋」では、「場の力」をつくるということが、まず「人財開発」で最初にすべきことと捉えています。

私はよく、この「場の力」づくりをポップコーンに喩《たと》えます。

ポップコーンを作るには、まずコーンをフライパンに入れて、熱し続けます。すると、遅かれ早かれ、どんなコーンもポンポンポンと、弾《はじ》け出します。このコーンが「人財」であり、フライパンという「場」を温め続けることによって、個々のスピード感の違いはありますが、いずれすべてのコーンが弾けて、ポップコーンになっていくのです。

そんな「船橋屋」の「人財開発」については、ありがたいことに各方面からご興味を抱いてくださるようで、全国各地の経営セミナーや講演などに招かれます。その地域の経営者の方たちとお話をすると、ほとんどの方が「人財開発」について頭を悩ませていらっしゃいます。

「なかなかいい人財が集められない。どうすれば、船橋屋さんのように新卒希望者が殺到するようになりますか?」

「社員のやる気を起こさせる方法を教えてもらいたい」

「うちの社員は一人前になったと思ったらすぐに辞めてしまう。愛社精神を持ってもらうには何が必要でしょうか?」

このような「人財」にまつわるご相談が非常に多く、その悩みを解決する糸口として、「船橋屋」の取り組みを参考にしたいとおっしゃるのです。

「努力」や「頑張り」は成果につながらない

そのようなお悩みに答えるべく、「船橋屋」の「人財開発」についてお話しするにあたり、そもそも「人財」にまつわる、ある大きな誤解を解いておかなければいけません。

それは**「成果」**です。

組織を成長させる「人財」というのは、仕事に対してきっちりと「成果」を出してくれる人、そう捉えている方も多いのではないでしょうか。

事実、私がこれまで相談を受けてきた経営者の方たちのなかにも、『人財開発』の目的は『成果』を出すため」とおっしゃる方が圧倒的に多い印象でした。

■「船橋屋」流仕事における「成果」の概念図

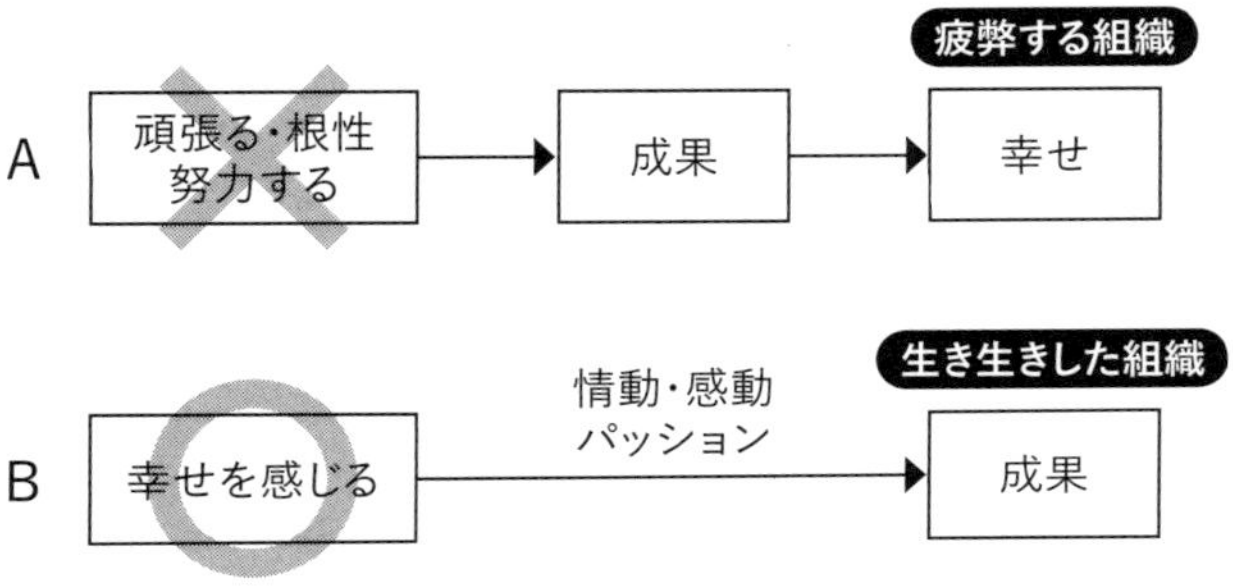

しかしながら、これではうまくいきません。「成果」を出すどころか、さらに、「人財」が組織から去ってしまう恐れもあります。

なぜなら、「成果」が生まれるプロセスを真逆に捉えてしまっているからです。

上図は、私が「船橋屋」の社内イベントや外部の講演で必ずご紹介する、仕事における「成果」の概念図です。

まずAのケース。社員や組織のメンバーが頑張る、努力をする。つらくても、根性やチームワークで苦難や障害を乗り越える。それが「成果」につながって、社員やメンバーは幸せになれる。

これが世間一般で言われている「成果」が得られるまでのプロセスでしょう。

「人財開発」について、お悩みの社長やリーダーたちの多くがこのような考え方をお持ちです。ですから、私への質問も、最初のとっかかりである「努力」や「頑張り」に関するものが非常に多く、「どうすれば社員を頑張らせられますか」「どうすれば根性のある社員に育ちますか」といった質問をなさるのです。

ただ、私はこの質問に返答することはできません。

「船橋屋」では、「努力」や「頑張り」が成果につながるとは考えていないからです。むしろ、われわれの「人財開発」は、まず「努力」や「頑張り」を否定するところからスタートします。

まずは、社員が「幸せ」を享受する

これまで繰り返しご説明したように、「船橋屋」は「幸せ」を目的とした「Being経営」を基にして運営されています。もちろんそれは楽しく遊んでいればいいということではなく、「くず餅」に関わるすべての人を「幸せ」にするというミッションのため、個々がワクワクしながら「成果」を追い求めています。先ほどの図でいうBのケースです。

私たちの成果は大きく分けると４つに分かれます。

・売上の最大
・コストの最小
・時間の最短
・品質の最適

見たところ、よその会社とそれほど大きな違いはないでしょう。

しかし、私たちがほかの組織と決定的に異なるのは、これらの「成果」を成し遂げる過程とシステムです。

「場の力」ができていると、社員はいつもワクワクした状態で仕事に臨むので、自然なかたちで業務に取り組めます。当然、自主的にさまざまな工夫が生まれ、それが成果につながるのです。船橋屋が10年間で6倍の経常利益をあげられるまでに成長したのも、この流れをつくれたことがすべてです（１４６ページ図表参照）。

そこに、「根性を見せろ」とか「歯を食いしばれ」などといった外圧的な力は存在しないのです。

もちろん、成果が出れば、給与の公平評価（158ページ参照）や各種表彰も待っていますので、社員は会社を信頼してトライできるのです。

私は常々、「Being経営」を一言で言い表すなら、お父さんの**「会社に行く後ろ姿」と「ゴルフに行く後ろ姿」が一致すること**だと言っています。休日にゴルフに出かける時のワクワクする気持ちで、平日の仕事も行ってもらいたい。そんなお父さんの後ろ姿を見た子供は、「働くことは素晴らしい」と考えるでしょう。こういう子供が増えることは、将来の日本全体にとっても良いことではないですか。

このような話をすると、「仕事がうまくいけば結果、幸せになるんだから同じことだ」ということをおっしゃる方もいらっしゃいますが、それは大きな誤りです。

まず先に頑張りありきという「昭和の根性論」は、組織を疲弊させます。当然、ミレニアル世代の若者たちには受け入れられるはずもなく、人財の流出と同時に採用にも大きく影響してくるのです。

「昭和の働き方」では、若者はトライしない

戦後の焼け野原や、昭和の高度経済成長期などでは、たしかに「とにかく頑張れば、成果が出て幸せになる」「歯を食いしばって頑張れば必ず報われる」という働き方が当たり前でした。

しかし、「時代」は変わりました。

第1章で父と私の考えの違いというものが、性格や思想の違いではなく、生きている「時代」の差だということをご説明しましたが、働き方もまったく同じです。努力や根性で成果を追い求めるという働き方は「時代」とそぐわなくなっているのです。

現代の日本は、社会としてある程度の成熟を見せて、経済成長も右肩上がりではなく、人口の減少が始まっています。一方で、身の回りにはモノと情報が溢れ、美味しい食事や娯楽には事欠きません。スマホやネットで世界中の情報が瞬時に入手できます。

そんな現代日本で生きる若者たちに、「昭和の働き方」を押し付けて「成果」を出せというのは非常に無理のある話ではないでしょうか。

「努力や頑張りを否定するのか」という声が聞こえてきそうですが、そういうわけではありません。今の時代においては、「成果」を得るために、外から力を加えるのではなく、それぞれの社員が自発的にトライしてみようという気持ちになる組織のあり方が重要なのです。

そして、そんな組織において社員が得られるものは、仲間と共に自分が満たされながら「幸せ」に仕事ができ、さらに自分が成長しているという実感なのです。

アドラー理論

「好き」「信頼」「貢献」に溢れた職場をつくる

「幸せ」を感じる条件

さて、「人財開発」における次の課題は、どうやって社員たちに「幸せ」を感じてもらい、人として大きく成長してもらえるかです。

心理学者のアルフレッド・アドラーは、人が「幸せ」を感じる条件を以下のようにまとめています。

1. 自分が好きになる（自己受容）
2. 人を信頼できるようになる（他者信頼）

3．自分が役立っていることを感じられる（他者貢献）

まず、**「自己受容」**。これは自分の嫌な部分を隠してポジティブシンキングやアファメーションを行なう自己肯定とは違います。嫌な部分をも包み込みながら「これでいいのだ」と自分に〝ＹＥＳ〟を出してあげられることです。

2つめの**「他者信頼」**は言うまでもないでしょう。

自己受容ができるようになると、自然に他者にも〝ＹＥＳ〟を出せるようになります。

最後の**「他者貢献」**も「幸せ」とは切っても切れないもので、とても重要です。

人間は一人だけでは生きられません。誰かに助けられ、自分も誰かを助けるという大きな流れのなかで生かされていると言っても過言ではありません。だからこそ、人は困っている人を見かけると、手を差し伸べずにはいられないのです。

逆に相手からの「ありがとう」は何よりの力になります。

災害などが起きるたび、被災地には多くのボランティアの方たちがやってきます。困っている人を助けたいという使命感もあるかもしれませんが、これだけ多くの人が自分の時間を犠牲にして人助けに邁進する理由は、人を助けることで自らが「幸せ」を感じられるからです。

印象的だったエピソードがあります。２０１１年3月11日に起きた東日本大震災の際、私はガレキ除去のお手伝いに現地に入りました。そこで、被災者の多くは「お陰様で物資にはある程度困らなくなったものの、今は仕事が欲しい。仕事がしたいです」とおっしゃる。要するに、「支援を受け、助けてもらっている側ではあるが、人のために社会のために役立っている感覚がないと、生きた心地がしない」と言うわけです。

人は貢献することで幸せを感じている、と実感しました。

「誰かの役に立ちたい」という「貢献」とは、人間の「幸せ」にもつながる根源的な欲求なのです。

アドラーは、「自己受容」「他者信頼」「他者貢献」という3つの条件を満たすことで生まれるものを「共同体感覚」と呼んでおり、これは**「人が人を支配しない横の関係」**のコミュニケーションと言えます。

「場の力」のつくり方

さて、3つの条件をもとに、先ほどの「場の力をつくる」という言葉を思い出してください。

私たちの「人財開発」は、社員一人ひとりが輝ける環境を整えることから始まるので、わかりやすく言えばこうなります。

〈社員が「自分が好き」「皆を信頼している」「自分が貢献できている」を実感・体感できる環境づくり〉

次ページの図は、「船橋屋」独自の「人財開発」を「場の力」をつくるプロセスとしてまとめたものです。

一つずつ説明しましょう。

■「場の力」をつくる人財開発プロセス図

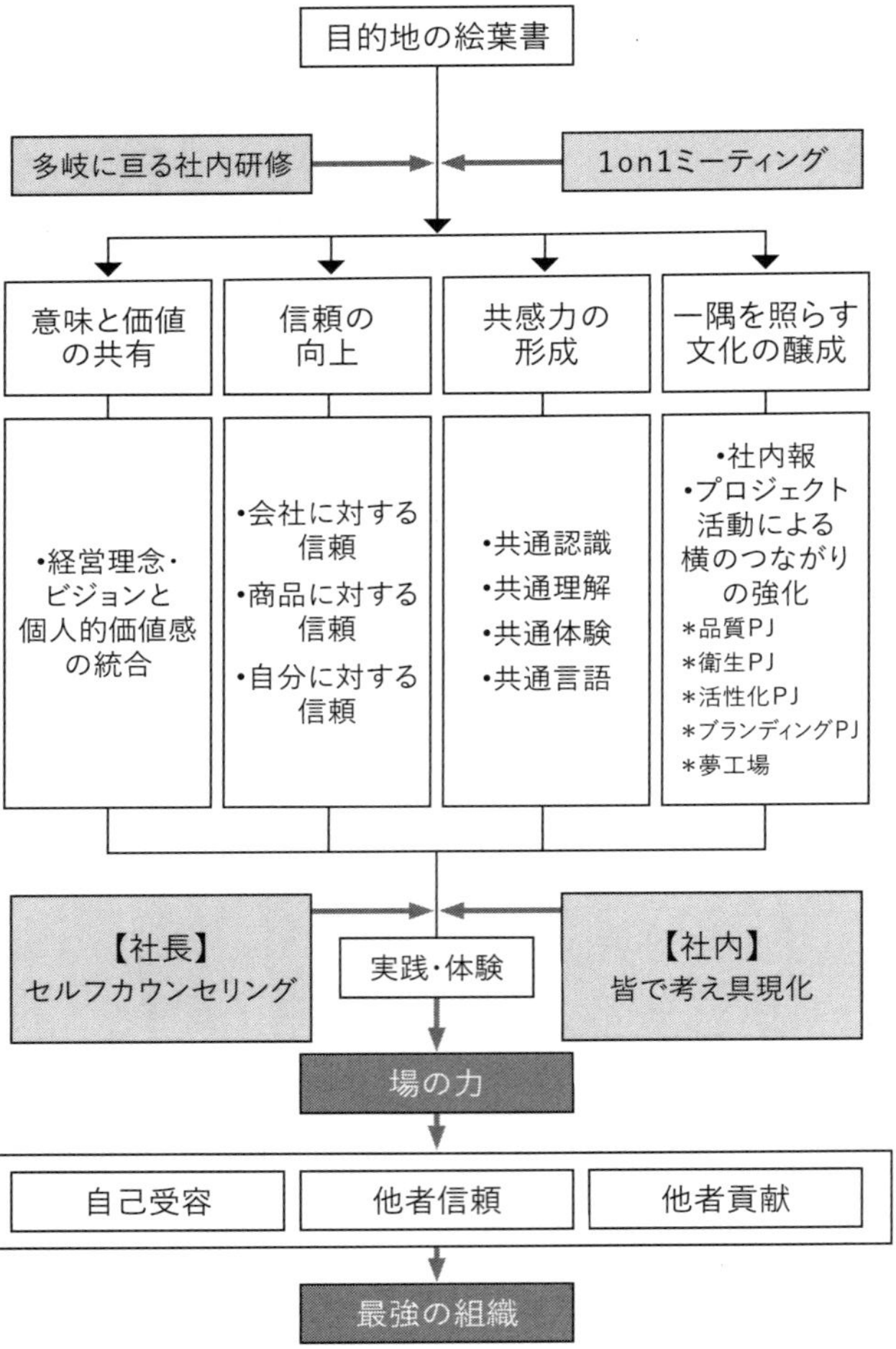

【目的地の絵葉書】

まず、スタートの「目的地の絵葉書」というのは、圧倒的なビジョンです。前章でご紹介した、私たち「船橋屋」という組織がそもそも誰のために、なぜ存在しているのかというところを踏まえ、そのために目指す場所をビジュアル化したものです。これをつくるのは社長である私の仕事です。

この「目的地の絵葉書」は社内の「語り部」を通じて、すべての社員・パートの方に理解してもらいます。

【多岐に亘る社内研修】

人が成長するには、まず「ありのままの自分」に気づき、それを受け入れることが大切です――これは本書の前半を費やしてご紹介してきた「Ｂｅｉｎｇ経営」を形にする上で重要です。

自分の思考や行動を制限している「見えない鎖」から解き放つことを目的としたセラピスト研修を初めとする多岐に亘る研修を導入しています。

【1on1ミーティング】

このような研修に加えて、さらに佐藤や各部のリーダーたちと1対1で膝を付き合わせて、ビジョンや方向性に対する意見交換（「1on1ミーティング」）を行なうことで、「目的地の絵葉書」と、個人的価値観を統合します。

【意味と価値の共有】

人にだけ与えられた「心」とは、「意味と価値を感じる力」です。会社の経営理念やビジョンに意味と価値を見出し、共に歩めば自分が幸せになれるという確信が持てた時、人は内発的動機付けが生まれ、会社や仕事に前向きになれます。

【信頼の向上（対会社・職業・商品・自分）】

「船橋屋」という会社への「信頼」。自分たちが世に送り出すくず餅をはじめとする商品への「信頼」。そして、この仕事を通して成長し、自己実現できているという自分への「信頼」の3つを育《はぐく》んでいく教育が大切です。

【共感力の形成】

これは研修や面談、社内イベントなどの共通体験を通じて、社員同士で共通の認識や理解を深めてもらいながら、仲間の一員であることを意識してもらうこと。最終的に共通する社内言語をつくり上げていきます。

中期経営計画のスローガンなどもそれに当たります。

【一隅を照らす文化の醸成】

社内報で毎月、いろいろな部門の人たちにスポットライトを当てたり、多岐に亘るプロジェクトチームを立ち上げ、その活動を通じて各人が「主役」であることを実感してもらいます。

【セルフカウンセリング】

私自身、「目的地の絵葉書を示し、それを実現するための『場の力』を醸成することを自分は本当に求めているのか」、そのことを毎晩その日あった出来事とそれに対する自らの立ち居振る舞いを内省しながら、自分に問い正します。

たとえば、社員が社長室を訪れた時は、「忙しくても正面から向き合って話を聞いているか?」「口角を上げて笑顔で挨拶を交わしているか?」など10項目ほどをチェックします。

当然、「自分のご機嫌は自分でとる」ことを最大限意識します。いつもご機嫌な状態でワクワクしていることが社長の資質として最も大切と考えるからです。

自然に成果が出る「人財開発ピラミッド」とは

このように「意味と価値の共有」「信頼の向上」「共感力の形成」「一隅を照らす文化の醸成」の4つの柱をベースに実践や体験を通じて、「場の力」がつくられると「自己受容」「他者信頼」「他者貢献」を実感できるようになり、成果を創出する**「最強の組織」**ができあがります。

ここまで説明した「人財開発」からの「オーケストラ型最強組織」の完成という一連の流れに対して、私たちはピラミッドのようにボトムアップ型で積み上げていくイメージを持っています。それが**「人財開発ピラミッド」**です。

■人財開発ピラミッド

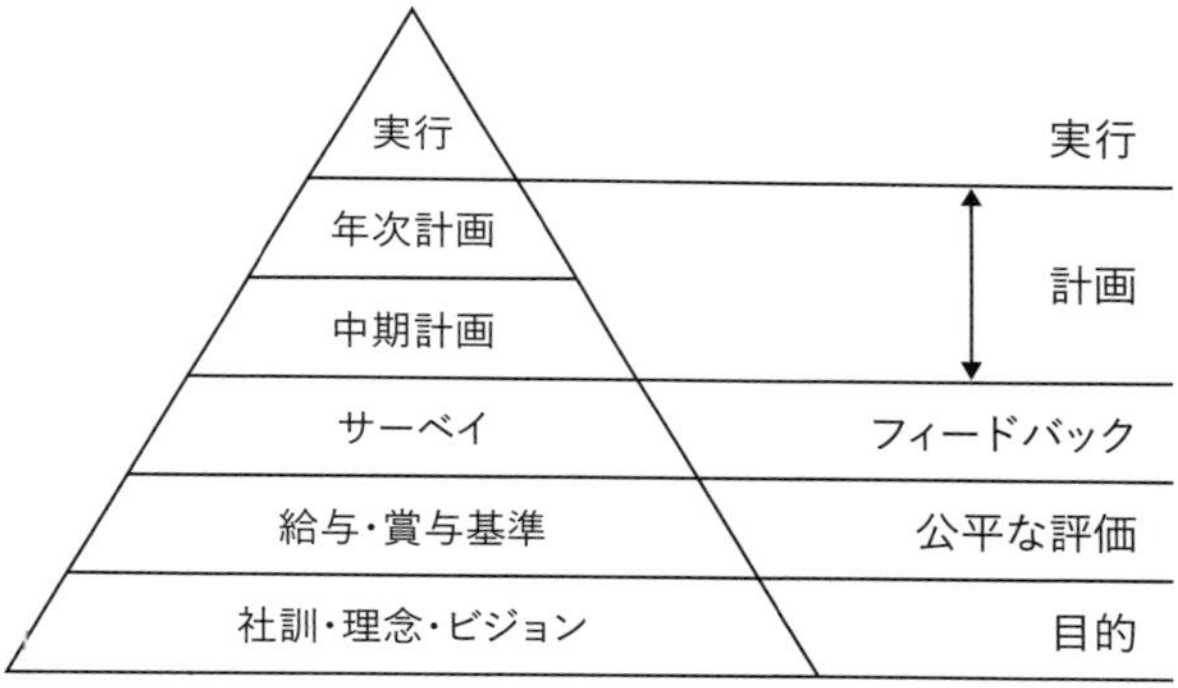

土台にあるのは**「目的の共有」**です。社訓、理念、ビジョンという「Ｂｅｉｎｇ経営」の本質である会社とは何か、何を目指すのかをすべての者が共有するのです。

その目的を達成するために必要不可欠なのが、**「公平な評価」**です。給与や賞与の基準が働きに対して納得できるものか、信頼できる制度なのか、という点が極めて重要になってきます。

さらに、「人財開発」を進めていく際には定期的な**「サーベイによるフィードバック」**も求められます。この方向性で間違っていないか、不満を抱えていないかなど、みんなの声に耳を傾けるのです。

ここまで積み上げると、「人財開発」としての土台はほぼ完成に近くなります。

そこで初めて**「計画」**を立案します。中期計画から、年次計画という短期的なものまで、すべての人にわかりやすく示し、きっちり理解してもらうのです。

最後が**「実行」**です。計画を達成するための具体的なアクションに落とし込み、プロセス管理を徹底します。当然、そこには新卒採用の施策も含まれます。新たな「人財」を確保して組織を活性化していくというサイクルのない「人財開発」は片落ちだからです。

こうしてピラミッドのように積み上げていくと、努力や根性で強制的に成果を出していく組織ではなく、一人ひとりが光輝いて「幸せ」を感じることで自然に成果が出る、という「Being」の状態になっていきます。

多くの経営者は人財開発の土台の部分をおろそかにして、計画から実行という上の部分だけで会社を回そうとします。そうすると、社員は働くことの意味や価値を見失い、結果、組織は停滞するのです。

「人財開発ピラミッド」を積み上げていくプロセスを踏まえ、「良い人財」が育つ「場」、つまり職場の環境には、以下のような6つの特徴があると良いでしょう。

1	理念・ビジョンに社員が共感している（理念・ビジョンの先に「幸せ」があると実感できている）
2	給与や賞与などで、明確かつ公平な評価基準がある
3	経営陣が社員の不満や意見に耳を傾ける（社内サーベイがある）
4	経営計画をすべての社員に、しっかりと浸透させている（計画に対して当事者意識がある）
5	新卒採用チームがあって、しっかりと機能している
6	仕事はもちろん、それ以外でも「ワクワク」できる環境やイベントがある

ここで皆さんが気になるのは、この「良い人財が育つ6つの環境」を「船橋屋」がいったいどのように整備してきたかということでしょう。

そこで次章では、先ほどご紹介した「場の力」をつくる人材開発プロセス図をブレイクダウンし、個別の施策についてお話をしていきましょう。

Signpost

メンバー（社員）が幸せになる「Being経営」の道しるべ

□「昭和の働き方」から脱却しよう

頑張りや努力が先行する働き方を部下や社員に押し付けない

□「好き」「信頼」「貢献」に基づく「オーケストラ型組織」に変えよう

「人財開発ピラミッド」に沿って自分の会社（チーム）を検証する

第4章

「職人技」は数値化できる

「Be-ingマネジメント（経営）」の人事評価制度

「公平な評価制度」

「行動」に着目して評価すれば、誰もが納得する

「信頼」に満ち溢れた組織をつくる3つの機能

船橋屋の「人財開発」についての基本的な考えや、経営における位置付けがよくご理解していただけたと思いますので、ここからは「人財開発」における具体的な施策について、一つずつご紹介していきましょう。

「意味と価値の共有」「信頼の向上」「共感力の形成」「一隅を照らす文化の醸成」という4つの「場のつくり方」のなかで、「意味と価値の共有」については、すでにお話ししたので、本章では「信頼の向上」について説明します。

「信頼の向上」とは、「この会社」「この商品」「この自分」を心から信頼できる人がどれだけ企業にいるかということです。

それは、**①「透明性のある組織運営」**、**②「公平な評価制度」**、**③「社員からのフィードバックが機能している」**という3つが機能し、それぞれの人が自己実現できる仕組みになっていることがポイントです。

船橋屋の場合、最初の**①「透明性のある組織運営」**に関しては、全社員・全パートスタッフを集めて、1年間の目標やビジョンを再確認する**「ビジョン発表会」**などを開催しているほか、イラスト等でわかりやすく解説した中期経営計画を配布するなど、つねに「船橋屋」の進むべき方向と、進め方について説明しています。

また、「リーダーズ総選挙」に象徴されるように、幹部の抜擢なども、誰もが納得できる形で行なっています。

「個人目標設定シート」を能力開発に活かす

続いて②**「公平な評価制度」**。

これに関してはまず、上期と下期の2回、すべての社員を対象に、**「個人目標設定シート」**を記載してもらっています。

期が始まる前に社員が自分で目標を設定する。そして期が終わってから、達成度合いに応じた自己評価を記載し、それを上司が最終的に評価するという人事考課制度です。

上司（会社）が一方的に目標を設定してそれを評価するというシステムでは、どうしても社員には「不満」や「不信」が募《つの》ってしまいます。そこで、上司（会社）と合意の上で目標と達成基準を設定して、その実績について自分と上司の双方から評価をすることで、一方的ではない「公平な評価」となっています。

「個人目標設定シート」には、前述の「売上の最大」「コストの最小」「時間の最短」「品質の最適」という4つに、個々の適性を鑑《かんが》みた**「能力開発」**という側面も加えます。これを「目標項目」として設定し、つねに振り返りを行なっています。

個人目標設定シート

平成●年度（上期・下期）個人目標設定シート	所属		(店舗名)		氏名	

↓ 目標項目は船橋屋が追求する4つの成果(売上の最大・コストの最小・時間の最短・品質の最適)から自分の仕事にあったものを選んでください

No	期間内の目標 目標項目	達成基準			行動計画 キーとなる行動	タイミング	達成実績	本人評価	上司評価 最終評価
1			ウェイト チャレンジ度	a b c d e f					
2			ウェイト チャレンジ度	a b c d e f					
3			ウェイト チャレンジ度	a b c d e f					
4			ウェイト チャレンジ度	a b c d e f					
能力開発			ウェイト チャレンジ度	a b c d e f					
α			ウェイト チャレンジ度	a b c d e f					

<達成基準>

	基準イメージ
S	達成基準を大幅にクリア(120%達成のイメージ)
A	達成基準はクリア(110%達成のイメージ)
B	達成基準をほぼクリア(100%達成のイメージ)
C	達成基準まで今一歩(90%達成のイメージ)
D	大幅未達(90%未満)

<目標別ポイント算出表>

		達成度				
		S	A	B	C	D
チャレンジ度	L4(VD)	180	150	130	110	90
	L3(D)	150	130	120	100	80
	L2(MD)	130	120	100	80	70
	L1(S)	120	100	80	70	60

<算出欄>

	難易度	達成度	目標別ポイント	ウェイト	目標別得点
テーマ1					
テーマ2					
テーマ3					
テーマ4					
能力開発				10%	
テーマα					

さらに「公平」にこだわるために、達成基準はS、A、B、C、Dと明確にして、達成の可否だけではなく、チャレンジの度合いや難易度を考慮して数値化します。

これらをすべて算出すると、それぞれの「目標項目」の得点がはじき出されるので、個々の「成果」を客観的に振り返ることができるというわけです。

この取り組みは珍しいものではないので、多くの会社も同様の制度を導入されていると思います。

「船橋屋」でも「個人目標設定シート」はあくまで基本中の基本ともいう

評価制度であり、これにオンする形で2つの独自の取り組みを行なっています。

それは、**「く・ず・も・ち人財要件表」**と**「職人マイスター制度」**です。

行動にフォーカスを当てた「く・ず・も・ち人財要件表」

「く・ず・も・ち人財要件表」はすべての社員を対象とした評価制度で、「職人マイスター制度」とは製造部門、いわゆる「職人」を公平に評価することを目的としています。

まず、「く・ず・も・ち人財要件表」ですが、「個人目標設定シート」が「成果」に対する評価制度なのに対して、こちらは**「行動」**にフォーカスした評価制度です。

次ページの「く・ず・も・ち人財要件表」をご覧ください。

「全社員共通」の評価項目として、「責任感」「獲得意識」「ビジョンに対する理解」「問題解決」などがあります。これは立場や仕事内容を問わず、「船橋屋」で働く者として当たり前の「行動」ができているかを評価します。

これをベースに、「等級別」の評価が加わります。新人から幹部まで1～9の等級に分

▌く・ず・も・ち人財要件表

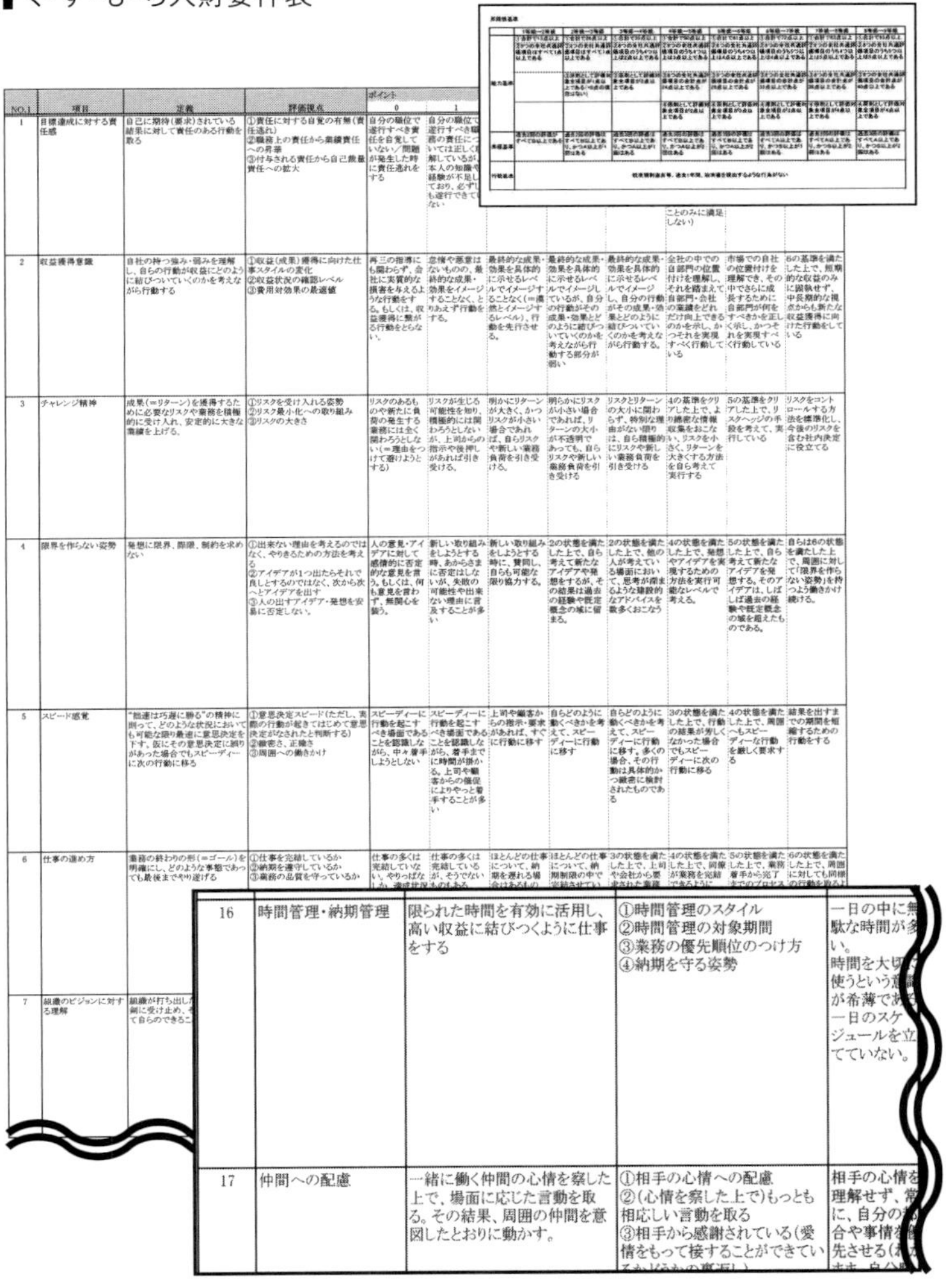

NO.1	項目	定義	評価視点	ポイント 0	1	2	3	4	5	6	7
1	目標達成に対する責任感	自己に期待(要求)されている結果に対して責任のある行動を取る	①責任に対する自覚の有無(責任逃れ) ②職務上の責任から業績責任への昇華 ③付与される責任から自己裁量責任への拡大	自分の職位で遂行すべき責任を自覚していない/問題が発生した時に責任逃れをする	自分の職位で遂行すべき職務の責任について正しく理解しているが、本人の知識や経験が不足しており、必ずしも遂行できていない				ことのみに満足しない)		
2	収益獲得意識	自社の持つ強み・弱みを理解し、自らの行動が収益にどのように結びついていくのかを考えながら行動する	①収益(成果)獲得に向けた仕事スタイルの変化 ②収益状況の確認レベル ③費用対効果の最適値	再三の指導にも関わらず、会社に実質的な損害を与えるような行動をする。もしくは、収益獲得に繋がる行動をとらない。	怠惰や悪意はないものの、最終的な成果・効果をイメージすることなく、とりあえず行動をする。	最終的な成果・効果を具体的に示せるレベルでイメージすることなく(=漠然とイメージするレベル)、行動を先行させる。	最終的な成果・効果を具体的に示せるレベルでイメージしているが、自分の行動がその成果・効果とどのように結びついていくのかを考えながら行動する部分が弱い	最終的な成果・効果を具体的に示せるレベルでイメージし、自分の行動がその成果・効果とどのように結びついていくのかを考えながら行動する。	全社の中での自部門の位置付けを理解し、それを踏まえて自部門・会社の業績をどれだけ向上できるのかを示し、かつそれを実現すべく行動している	市場での自社の位置付けを理解でき、その中でさらに成長するために自部門が何をすべきかを正しく示し、かつそれを実現すべく行動している	6の基準を満たした上で、短期的な収益のみに固執せず、中長期的な視点からも新たな収益獲得に向けた行動をしている
3	チャレンジ精神	成果(=リターン)を獲得するために必要なリスクや業務を積極的に受け入れ、安定的に大きな業績を上げる。	①リスクを受け入れる姿勢 ②リスク最小化への取り組み ③リスクの大きさ	リスクのあるものや新たに負荷の発生する業務には全く関わろうとしない(=理由をつけて避けようとする)	リスクが生じる可能性を知り、積極的には関わろうとしないが、上司からの指示や後押しがあれば引き受ける。	明かにリターンが大きく、かつリスクが小さい場合であれば、自らリスクや新しい業務負荷を引き受ける。	明らかにリスクが小さい場合であれば、リターンの大小が不透明であっても、自らリスクや新しい業務負荷を引き受ける	リスクとリターンの大小に関わらず、特別な理由がない限りは、自ら積極的にリスクや新しい業務負荷を引き受ける	4の基準をクリアした上で、より綿密な情報収集をおこない、リスクを小さく、リターンを大きくする方法を自ら考えて実行する	5の基準をクリアした上で、リスクヘッジの手段を考えて、実行している	リスクをコントロールする方法を標準化し、今後のリスクを含む社内決定に役立てる
4	限界を作らない姿勢	発想に限界、際限、制約を求めない	①出来ない理由を考えるのではなく、やりきるための方法を考える ②アイデアが1つ出たらそれで良しとするのではなく、次から次へとアイデアを出す ③人の出すアイデア・発想を安易に否定しない。	人の意見・アイデアに対して感情的に否定的な意見を言う。もしくは、何も意見を言わず、無関心を装う。	新しい取り組みをしようとする時、あからさまに否定はしないが、失敗の可能性や出来ない理由に言及することが多い	新しい取り組みをしようとする時に、賛同し、自らも可能な限り協力する。	2の状態を満たした上で、自ら考えて新たなアイデアや発想をするが、その結果は過去の経験や既定概念の域に留まる。	2の状態を満たした上で、他の人が考えている場面において、思考が深まるような建設的なアドバイスを数多くおこなう	4の状態を満たした上で、発想やアイデアを実現するための方法を実行可能なレベルで考える。	5の状態を満たした上で、自ら考えて新たなアイデアを発想する。そのアイデアは、しばしば過去の経験や既定概念の域を超えたものである。	自らは6の状態を満たした上で、周囲に対して「限界を作らない姿勢」を持つよう働きかけ続ける。
5	スピード感覚	"拙速は巧遅に勝る"の精神に則って、どのような状況においても可能な限り最速に意思決定を下す。仮にその意思決定に誤りがあった場合でもスピーディーに次の行動に移る	①意思決定スピード(ただし、実際の行動が起きてはじめて意思決定がなされたと判断する) ②緻密さ、正確さ ③周囲への働きかけ	スピーディーに行動を起こすべき場面であることを認識しながら、中々着手しようとしない	スピーディーに行動を起こすべき場面であることを認識しながら、着手までに時間が掛かる。上司や顧客からの催促によりやっと着手することが多い	上司や顧客からの指示・要求があれば、すぐに行動に移す	自らどのように動くべきかを考えて、スピーディーに行動に移す	自らどのように動くべきかを考えて、スピーディーに行動に移す。多くの場合、その行動は具体的かつ緻密に検討されたものである	3の状態を満たした上で、行動の結果が芳しくなかった場合でもスピーディーに次の行動に移る	4の状態を満たした上で、周囲へもスピーディーな行動を厳しく要求する	結果を出すまでの期間を短縮するための行動をする
6	仕事の進め方	業務の終わりの形(=ゴール)を明確にし、どのような事態であっても最後までやり遂げる	①仕事を完結しているか ②納期を遵守しているか ③業務の品質を守っているか	仕事の多くは完結していない。やりっぱなし	仕事の多くは完結しているが、そうでないものもある	ほとんどの仕事について、納期を遅れる場合はあるもの	ほとんどの仕事について、納期制限の中で	3の状態を満たした上で、上司や会社から要求された業務	4の状態を満たした上で、同僚が業務を完結できるように	5の状態を満たした上で、業務着手から完了までのプロセス	6の状態を満たした上で、周囲に対しても同様の行動を取るよ
7	組織のビジョンに対する理解	組織が打ち出し…剣に受け止め、…て自らのできるこ…									

16	時間管理・納期管理	限られた時間を有効に活用し、高い収益に結びつくように仕事をする	①時間管理のスタイル ②時間管理の対象期間 ③業務の優先順位のつけ方 ④納期を守る姿勢	一日の中に無駄な時間が多い。 時間を大切に使うという意識が希薄であ… 一日のスケジュールを立てていない。
17	仲間への配慮	一緒に働く仲間の心情を察した上で、場面に応じた言動を取る。その結果、周囲の仲間を意図したとおりに動かす。	①相手の心情への配慮 ②(心情を察した上で)もっとも相応しい言動を取る ③相手から感謝されている(愛情をもって接することができているかどうかの裏返し)	相手の心情を理解せず、常に、自分の都合や事情を優先させる(ある…

け、それぞれの役職に見合う「行動」をとっているかを確認します。

たとえば、1～2の等級の場合は、「仕事の進め方」「学習する姿勢」「仲間への配慮」などが評価対象となりますが、3～7という等級になってくると「リーダーシップ」や「アイディアの発想」といったチームリーダーとしての資質が評価され、8～9級になると「計画策定」「事業構想力」というマネジメントとしての評価が行なわれます。

そして最後に「職種別」の評価も行ないます。同じ社員であっても所属する部門によって、求められる姿勢や、求められる行動が異なります。そこで部門ごとに重要視されている「行動」も評価するのです。

「販売・SV」であれば瞬時の状況判断が求められるため、「スピード感覚」や「柔軟な発想」などの項目が重視されます。「営業」に関しては「折衝・交渉力」や「調整力」が必要であることは言うまでもありません。同様に、「仕入」や「配送」では「限界を作らない」「曖昧さを許さない」という姿勢、「経理」では「データに基づく仕事」ができているかといった視点で評価します。

「成果」と「行動」のバランスのとれた評価が安心感を与える

「幸せ」を目指していく「人財開発」において、こうして多角的に「行動」を評価することには、大きな意味があります。

「個人目標設定シート」では「成果」について、公平に評価することができますが、それだけを重視していると、成果主義に陥ってしまいます。

「成果」はもちろん大事ですが、そこだけに固執してしまうと、「まず社員が『幸せ』を感じて、その結果として、『成果』がついてくる『Being経営』」の根幹が揺らいでしまいます。

そこで、個々の「行動」にもフォーカスしてバランスのとれた評価を行なうことが大切になります。

「成果」についてフェアに評価するのと同じように、「く・ず・も・ち人財要件表」により、100〜101ページのKUZUMOCHIZMにある「私たちの8つの基本行動」に沿った「行動」を見せた者を公平に評価するのです。

「成果」と「行動」という2つの評価を、車の両輪のように同時に実施することで、初めて社員に対して「公平な評価」という安心感を与えることができるのです。

職人を神格化しなければ、不正は起きない

日本企業のジレンマ

その一方で、このような「成果」と「行動」という2つの評価制度だけでは、「公平さ」が担保できない人たちも会社組織には存在します。

「技術職」をどう評価するか

それは**「技術職」**です。

特殊技術を有する方たちも他の社員と同様に、「成果」や「行動」が評価されるのは当然ですが、それだけでは不満や不公平さを感じてしまいます。

いわゆる「職人」として技術に強いこだわりを持つ人たちは、高い品質のものを提供したという「成果」や、技術を磨いていこうという「姿勢」に加えて、個々が研鑽《けんさん》した「技術」にも客観的かつ公平な評価がなければ、モチベーションが下がってしまいます。

モチベーションが下がれば、さらに高い技術を目指そうという向上心が薄れていきます。自分の技術を若い世代に伝えていこう、という技術の継承ということへの意欲も失われていくでしょう。

ですから、技術職の方たちには、これまでの「成果」や「行動」に加えて、純粋に「技術」に対して、公平かつ客観的な評価制度が必要なのです。

企業や、社会を支える「高い技術力」と、それを有する「職人」たちをどのように評価していくのかというのは、日本中で多くの組織が抱えている課題ではないでしょうか。

たとえば、Aという職人の技術には、その人にしか出せない個性や強みがありますので、Bという職人と比べて優劣は付けられません。

また、基本的に職人技というものは、個々の資質にも大きな影響があります。同じ技術でも1年の修業をして完璧にマスターする者もいれば、3年修業をしても未熟という者もいる、という厳しい現実もあります。結局のところ、「人それぞれ」ということになってしまいがちなのです。

そこで、「技術職」を客観的に評価する方法として「船橋屋」が取り入れているのが「職人マイスター制度」なのです。

製造現場の不正行為はなぜ起きるか

「船橋屋」の「職人マイスター制度」を説明する前に、こうした制度が「船橋屋」で生まれた背景について触れておきます。

先述のように、「人それぞれ」がまかり通って、評価の公平性が失われるとどうなるでしょうか。

今度は、職人の世界というものが、外部の人間にはよくわからない、「素人」が口出しできない「聖域」のようになってしまう**「製造現場の聖域化」**が進行します。

これが、組織にとって健全ではないどころか、大きな「リスク」を招く恐れがあることは説明するまでもないでしょう。

外部の目が届かない閉鎖的な世界のなかで、自分たちのやり方だけが正しいと思い込んでいると、不測の事態が起きた際に柔軟に対処ができません。また、そのような世界ではピラミッド型の権威主義が生まれがちで、間違っていることを「間違っている」と指摘する人が排除されやすくなります。

この「製造現場の聖域化」の弊害がわかりやすく表面化したのが、昨今問題となっている、日本の錚々《そうそう》たる**「ものづくり企業」におけるデータの改ざんや不正行為**です。

もちろん、個々の業態、個々の業界ならではという複雑な事情はありますが、これらの問題が発覚した企業には共通していることがあります。

それは、いずれも素晴らしく「高い技術力」を有しているという点。そして、製造現場では不正行為が暗黙の了解として長く続けられながらも、それを組織として気づくことができなかったという点です。

企業の不正行為が発覚すると、テレビの報道などで「『高い技術力』を誇る企業がなぜそんなことをしてしまうのか」という切り取られ方をされがちですが、私から言わせれば、**「高い技術力」を誇るような製造現場だからこそこうした問題が起きる**のです。

高い技術力を持つ製造現場で働くと、高いプライドが生まれます。技術のこともよくわからない経営や管理部門に口うるさいことを言われても、「お前らに現場の何がわかる」

という苛立ちや不信感ばかりが生まれて、最終的に組織のなかでどんどん孤立してしまいます。

孤立すれば当然、外部のチェックも働きません。新しい視点、新しい意見が通らないので、若い人財も定着しません。

ベテランたちが「オレ流」を貫き通すので、それを間違っていると指摘する人間もいなくなる。つまり、「製造現場の聖域化」が進行すると、職人を組織内で権威として崇《あが》め立てて、下手をすれば腫《は》れ物を扱うようになってしまうのです。

このように、組織内で孤立した人びとが生まれると、自分たちの判断で改ざんなどの不正行為に走り、さらにそれを隠蔽《いんぺい》するような事態にまで発展することになるのです。

職人の「高い技術力」に支えられている「くず餅」

組織に深刻な問題を引き起こす「製造現場の聖域化」が、じつはかつての「船橋屋」にも存在しました。

というのも、私たちの「くず餅」も、職人たちの「高い技術力」なしには生み出せません。職人たちへの敬意が増す一方で、素人が口出しできないような雰囲気が蔓延していったのです。

もちろん背景には「くず餅」作りの複雑な生産工程も関係しています。

「船橋屋」の「くず餅」の生産工程は、沖縄工場で行なう「発酵醸造」と、亀戸工場で行なう「製造」の2つに分かれます。

沖縄工場では、神の島、久高島《くだか》を望む素晴らしいロケーションのなか、杉の樽でじっくりと乳酸菌発酵させます。

一方、亀戸工場では、発酵させた小麦でんぷんを数日間水洗いし、熱湯を加え湯がく。それを型に移して蒸し、冷却機に入れた後に一口大にカッティングしていきます。この工程で極めて重要になるのが**「職人のチェック」**です。

具体的には、型への流し込み、蒸し具合、そしてカッティングなどで、職人たちが「型枠の布敷、湯がき、蒸し具合」を判断していきます。

なかでも重要なのが、蒸し上がった「くず餅」の弾力や色合いなどを実際に手で触れてチェックする「あたり」と呼ばれる繊細な作業です。

弾力の微妙な違いは、そのまま「くず餅」の品質を左右します。この違いは修業を重ねた職人にしかわからず、これを習得して一人前になるまでにはかなりの修練を要するのです。

このような職人たちの「高い技術力」が「船橋屋」の「くず餅」の品質を守ってきてくれた、と言っても過言ではないのです。

ただ、皮肉なことに、この「高い技術力」が職人たちを孤立させてしまったのです。

話しかけるのも憚《はばか》られるほど権威化した職人たち

「高い技術力」を誇る職人は当然、プライドも高くなっていき、自分たちの「やり方」を貫き通す傾向が強くなっていきます。よく言えば「職人気質」、悪く言えば「頑固」になっていくのです。

しかし、「くず餅」は職人なくしては製造できませんので、そんな「頑固」なスタイルを誰も批判できません。

「そのやり方は違うんじゃないですか」ということを誰も言えないので、さらに孤立して頑固になっていくという悪循環に陥って、いつしか「船橋屋」では製造現場が聖域化し、彼らのやっていることはつねに正しいというような絶対的権威になってしまったのです。

また、ベテランの職人たちはみな若い頃から厳しい修業をこなしてきたので、若手にも自分と同じように「俺の背中を見て学べ」といった態度で、手取り足取り教えません。

こうなると、若手は萎縮《いしゅく》してなかなか育ちません。実際、離職率がかなり高い時期がありました。

そんな「ガンコな職人集団」とも言える当時の製造部の空気をよく表わすエピソードがあります。

「リーダーズ総選挙」で見事、執行役員になった佐藤恭子は、入社前から「船橋屋」のファンで、客として「くず餅」をこよなく愛していました。そこで、新卒で入社してほどなく、「くず餅」の作り方を直接聞きたくて、工場長に会いに行ったのです。

現在では新人研修などでしっかりと製造工程などを学べますが、当時はまだそのような制度はありません。彼女ならではの好奇心と行動力によるものでしたが、なんとその数日後、佐藤は先輩社員から注意をされてしまうのです。

先輩社員からすれば、「くず餅」の製造部門のトップである工場長など、権威中の権威なので、新人がおいそれと会いに行けるようなものではないと言うのです。

もちろん、その先輩社員からすればそこまで悪気はなかったのかもしれませんが、私はこの話を聞いて衝撃を受けました。

「船橋屋」で働く仲間になった時点で対等の関係であり、しかも「くず餅」に興味を抱き、自主的に勉強する新人に対して、褒《ほ》められることはあっても、叱られるようないわれはありません。

今から十数年前の「船橋屋」の製造部門は、それほど「聖域」になっていたのです。

トップダウンでは組織風土は変わらない

過去形でお話をしているように、現在の「船橋屋」の製造部門はまったく「聖域」ではありません。若手からベテランまでが自由闊達《かったつ》に意見を言い合えますし、社内の研修やプロジェクトチームを通じて、製造部門以外の社員・パートの方々とも交流があり、工場長であろうと誰であろうと気軽に話ができる雰囲気です。

この変化について話をすると、同じ悩みを抱える方から決まってこう質問されます。

「どうやって製造部門を改革したのですか？　職人の機嫌を損ねることなく、風通しをよくする方法を教えてください」

しかし、厳密に言えば、私は何もしていません。

入社当初はあった意見衝突も、「場の力」ができあがってからはとくに製造部門の聖域化にメスを入れたわけでもなければ、どんなに不平不満が出ても、職人を特別扱いしないようにしたわけでもありません。

むしろ逆に、そのような改革をトップダウンで進めていたら、現在の「船橋屋」の姿はなかったでしょう。

強引な改革を推し進めたとしても、現場の不満が膨らむだけですし、力でねじ伏せて従わせても必ず遺恨を生みます。トップダウンの改革で組織風土を変えるというのは「幻想」なのです。

では、改革もせずになぜ製造部門が変わったのかというと、職人たちが品質管理ＰＪ（２０４ページ参照）への参加を通じ、自分たちの仕事の価値に気付き、「幸せ」を感じるようになってきたことで、「もっと良くなりたい」という意識が高まったからです。**「自分たちが成長したい」**。その欲求があれば、自然に組織風土は変わってきます。

理想論だと思うかもしれませんが、事実「船橋屋」の製造部門はそのように自分たちの意志で組織風土を変えていったのです。

「職人マイスター制度」

頑張りを鼓舞するのではなく、公平に評価する

職人技の数値化を望む声

ある日、製造部門のトップから私に相談がありました。

「社長、私たちの技術がどれくらいなのかを数値化できないでしょうか。職人たちは日々成長をしています。自分たちが今どれほどのレベルなのか、みんな知りたがっています」

これには正直、驚きました。それまでは、どの職人も自らの技術に絶対的な自信を持っていて、客観的評価など気にしていなかったのです。わかる人間がわかればいい。職人同

士で「あいつも一人前になってきたな」という感じで、阿吽《あうん》の呼吸で認め合うようなカルチャーだったのです。

一方で、こうした動きが変わるのではないかという予感はありました。

「ガンコな職人集団」だった製造部門から、私に対して、「いい新卒がいたら採用してみたい」という相談が持ちかけられ、それまでは見向きもしなかった採用活動の面接にも、製造部門の職人が参加するようになりました。彼らなりに、若手を後継者として育てるために何をすべきかを真剣に考えてくれたのです。

どんなにやる気のある若手を採用しても、これまでのように「師匠の背中を見て、技術を盗め」というような、突き放した指導方法ではすぐに辞めてしまいます。

そこで、これまで阿吽の呼吸で指導していた「職人技」というものを数値化しよう、と職人みずから考え出したのです。

技術を客観的に評価することができれば、指導する側もどこが弱くて、何が足りないのかよくわかります。指導される側も数値が伸びれば、成長を実感できます。

このような「公平な評価制度」があれば、次世代の職人を育成できる――。

こうした要望によって作られたものが**「職人マイスター制度」**なのです。

万遍なく技術が身につく制度

では、具体的に「職人マイスター制度」の中身を見ていきましょう。

次ページの上図は、「工場」「原料」「製餡」「衛生・安全管理」という4つの工程において、作業レベル表による職種別評価を一覧にしたものです。

基本的な作業から「職人技」として評価されるものまで幅広いスキルをすべて数値化したもので、内訳としては、技術的にも難易度が高く、熟練になるまでの道のりが長いものほど高得点となっています。

たとえば、先ほどご紹介した「あたり」はすべての作業の中でも際立って多い「30点」。この満点を取るのは熟練の職人でも難しく、初心者などの場合はほとんど点数がつきません。

このようにすべての作業を数値化すると、職人としてどこが熟練していて、どこが未熟なのかということが一目瞭然《いちもくりょうぜん》になり、今のレベルを把握できます。また、育成する側

職人マイスター制度

作業レベル表による職種別評価

工場		
1	原料受け入れ	10
2	湯がき	10
3	布敷き	10
4	はがし（ロール含む）	12
5	タタミ	10
6	カッター	14
7	あたり	30
8	蜜煮	10
9	蜜詰め	10
10	黄粉詰め	10
11	送液ポンプ	7
12	送液配管	5
13	生地ポンプ	7
14	冷まし台	7
15	菌検査	5
		157

原料		
1	朝の原料準備	10
2	水交換作業	10
3	種を纏めて送る	7
4	仕掛け作業（送りを含む）	7
5	原料の発注管理	15
6	配管洗い	5
		54

製餡		
1	原材料の発注管理	6
2	あんこ製造	10
3	白玉用小豆製造	15
4	赤えんどう豆製造	15
5	白蜜製造	6
6	ガムシロ製造	3
7	食器煮沸	3
		58

衛生・安全管理		
1	衛生管理	12
2	異物混入に対する意識	12
		24

合計:**293**点

マイスター手当

●マイスター手当のグレードと手当額は以下の通りです。

グレード	手当額（月）	ポイント（満点:293点）	得点率	
巨匠	70,000円	250〜	85.3%〜	※あたりは20点獲得の事
達人	50,000円	220〜	75.1%〜	※あたりは20点獲得の事
名人	20,000円	180〜	61.4%〜	※あたりは20点獲得の事
上級職人	10,000円	150〜	51.2%〜	※あたりは10点獲得の事
中級職人	5,000円	120〜	41.0%〜	
初級職人	2,000円	90〜	30.7%〜	
見習い	0	〜89	〜30.7%	

※グレード昇格は社長と工場長の承認が必要。

も、育成ポイントと課題がわかるので、指導がより具体的になります。

これらの職種別評価は、工場長などの現場リーダーが採点をします。293点を満点に、点数ごとにグレードが決められており、それに見合うマイスター手当が支給されます。

合計150点以上になると、「上級職人」と認定されて月1万円、180点以上は「名人」で月2万円、220点以上になれば「達人」として月5万円が支給されます。そして、250点以上は「巨匠」として月7万円が支給されます。

マイスターのグレードを設定したことで、「あやふやな評価」は公平でわかりやくなり、若手のモチベーションが格段に向上しました。また、すべての作業を合計した点数を評価するということで、技術の偏《かたよ》りを防ぐこともできています。

たとえば、「あたり」がどんなにうまい職人でも、その他の基本的な作業がしっかりとできていなければ、総合点が低くなってしまいます。その逆に、「あたり」が未熟でも、それ以外の基本作業を完璧に習得すれば点数が高くなります。

花形的な「職人技」が突出したスター職人だけではなく、地道な努力を続けている人も評価される制度が整ったおかげで結果として、製造に関わる総合的な技術や心得が万遍なく身につくようになったのです。

「くず餅」に音色を聴かせる？

この「職人マイスター制度」は製造現場の意識を大きく変えました。モチベーションの向上や、組織としての風通しも良くなりました。

そして特筆すべきは、これらの技術を磨くだけにとどまらず、「くず餅」をさらに美味しくするにはどうするか、ということを一人ひとりが真剣に考えてくれるようになったということです。

その代表例が、原料を亀戸工場で数日間にわたり水洗いをして寝かせる工程で流す**「クリスタルボウル音楽」**の採用です。

クリスタルボウルとは、「シリカ」（水晶）の粉から作られたボウル状の楽器で、このボウルの縁を優しく叩いたり、こすったりすることで透明感のある音色を出す楽器です。脳や細胞に良い影響があるという指摘もあって、瞑想やヒーリングなどで用いられています。

そんな「クリスタルボウル音楽」を「船橋屋」の工場では、「くず餅」の仕込み時に流しています。

一般的な「職人」のイメージというのは、「伝統を重んじて、代々受け継がれてきた技術を忠実に継承していく人」でしょう。「船橋屋」のかつての職人たちもまさにイメージ通りで、先人の技術を受け継ぎ、新しいやり方を導入することを嫌い、「邪道」としていました。

しかし、「職人マイスター制度」を導入してからこの傾向が一切なくなったのです。これまで通りに先人の技術をしっかりと受け継ぎながらも、その一方で、これまでのやり方とは異なる方法や、新しい技術もどんどん導入すべきではないかという柔軟な発想が強まってきました。

そして、「くず餅」をさらに美味しいものにさせるための手段として、意見を出し合った結果が、クリスタルボウル音楽だったのです。

実際、「クリスタルボウル音楽」を聴かせた「くず餅」はとても美味しくなりました。

「職人技」にも科学の光を当てる時代

このような話をすると、「そんな科学的根拠もない話を真面目に語るなんて、船橋屋は大丈夫か」と思う方もいらっしゃるかもしれません。

しかし、「音楽熟成」というのはトンデモ話ではなく、日本の伝統的なものづくりのなかで、結果が出るということで続けられてきたものなのです。

鹿児島県枕崎市にある鰹節工場・金七商店では、本枯節《ほんかれぶし》というもののカビ付けの工程でモーツァルトの曲を流し、「クラシック節」と呼ばれる鰹節を作っていらっしゃいます。山口県には、詩人・金子みすゞの詩「波の子守唄」に曲をつけた子守唄を聴かせている味噌づくり業者もいらっしゃいます。

示し合わせたように、さまざまな地域で「発酵」と「音楽」を結びつけているのは、迷信や精神論に基づいたものではなく、現場の職人たちが、その経験から導き出した最善のやり方なのです。

そして、この「職人技」にも科学の光が当てられようとしています。

昨年11月5日に、ＡＦＰ通信が世界に配信しましたが、スイスでは、ベルン芸術大学(Bern University of the Arts)の協力のもと、ジャンルの異なる音楽を、熟成中のエメンタールチーズに聴かせて、味にどのような違いが生まれるのかを実験しています。

山梨県工業技術センター・ワインセンターの試験醸造では、音楽振動を与えた仕込みタンクでは酵母菌が活発に働き、発酵に要する日数も2日間短縮され、さらに試飲・官能テストをしたところ、音楽を聴かせなかったものよりも香りがあり、芳醇《ほうじゅん》な味になったという結果もあるのです。

そのような意味では、「発酵」と「音楽」の関係性が科学的に証明される日もそう遠くないかもしれないのです。

ただ、私が嬉しいのは、「クリスタルボウル音楽」の効果が発見できたことよりも、職人たちが「くず餅」をさらに美味しくさせようと日々、知恵を出し合い、新しいチャレンジを続けてくれていることです。

「職人マイスター制度」という「公平な評価」が、彼らの「もっと技術を磨きたい」「もっと良い品質を目指したい」という職人魂に火をつけたのです。

組織を活性化させるために、トップダウンのやり方を現場の人間に強引に押し付けるような形ではうまくいかないと申し上げた理由が、「船橋屋」の製造部門の変遷からおわかりいただけたのではないでしょうか。

必要なのは努力や頑張りを鼓舞することではなく、まずは「公平な評価」を行なうことです。そのような評価制度をしっかりと機能させれば、現場では自然とモチベーションが上がり、次々と新しいアイディアやチャレンジが生まれてきます。

組織のトップやリーダーは、その好循環の背中をそっと押すだけで良いのです。

Signpost

メンバー(社員)が幸せになる「Being経営」の道しるべ

□結果だけを評価するのはやめよう

評価するべきポイントは「行動」。役職に応じて求められるスキルを具体化して評価制度に組み込む

□技術職の「聖域化」を防ごう

一部の者を特別扱いすると、不正・隠蔽につながる恐れがある

□技術者、製造者を公平に評価しよう

専門職を客観的に評価する制度をつくる

第5章

社員の声に真摯に耳を傾ければ、「共感」と「貢献欲求」が生まれる

「Be-ingマネジメント（経営）」のフィードバック

「社内サーベイ」

社員から本音を引き出す方法

なかなか社長に本音を語らない

これまで、独自の評価制度をご紹介してきました。

しかしながら、「船橋屋」という組織に絶対の信頼を置いてもらうには、これだけで十分とは言えません。

第4章でご紹介した、社員から「信頼される会社」の条件を思い出してください。

①「透明性のある組織運営」

②「公平な評価制度」

③「社員からのフィードバックが機能している」

①と②は、中期経営計画やビジョン発表会や評価制度などでクリアできますが、問題は、**③「社員からのフィードバックが機能している」**です。

どんなに風通しの良い会社でも、目上の人間や、先輩などに自分の思いをストレートに伝えることに抵抗のある人はいます。

社内イベントや研修を実施しても、本音を引き出すには時間的な制約が伴います。ましてや、私のやり方や会社に対する不満などの場合、直接物申す社員はほとんどいません。

私のようにいつも冗談を言っているような人間でも、社員やパートの方からすればやはり社長は社長です。

本音を語ってくれとお願いをしても、なかなかそうはいきません。

これは、社長などの組織トップや、チームを率いるリーダーであれば必ず直面する悩みです。しかし、だからといって、これを諦めて放置していては、「社員からの意見にも真摯に耳を傾ける」ということが不十分となり、「信頼される会社」にはなれません。

本音を聞かせてくれないのなら、どうにかして聞き出すしかないのです。

無記名アンケートで社員の本音を探る

そこで「船橋屋」が導入したのが「社内サーベイ」です。

正式名称は**「社内風土アンケート調査」**。わかりやすく言えば、「船橋屋」の社内風土や、経営計画、そして仕事の満足度についての率直な思いを書き込んでもらう「匿名意識調査」です。

「製造」「販売」「仕入受注管理」「営業企画・通販・経理」という部門と、「師課長」「リーダー・店長」「一般」という役職だけはマルをつけてもらいますが、名前を記入する欄がないので、誰が記入したのかはまったくわかりません。

その上で、社内風土や経営計画に対して「あなたの自身の率直な気持ちをお聞かせください」という問いに、「5．強くそう思う」「4．そう思う」「2．そう思えないことも多い」「1．そう思うことはない」の4段階評価で気持ちを表現してもらい、合計点を出し、平均値を出します。

質問内容は、《中期経営計画達成に向けて、活動をしていると感じる》などビジョンや経営計画に関するものから、《自部門・自店舗は自由に意見を出せる環境である》など多岐に亘っていますが、何よりも私が注目しているのは、以下のような項目です。

《成果や能力に応じた公平・公正な評価を受けている》
《船橋屋での今の仕事が楽しいと感じる》
《船橋屋の働く環境は良くなってきていると実感している》
《今後も船橋屋で働きたいと思う》

この「社内風土アンケート」には、「船橋屋」が改善したほうが良い点を自由記述してもらうので、辛辣《しんらつ》な意見を書く人もいます。

こうした「本音」は、なかなか気軽に周囲に漏らすことはできないので、経営者としては書かれていることを真摯に受け止めるべきだと考えています。

では実際に、どのような結果が出たのでしょうか。

次ページの図は、直近7回実施したアンケートの全社平均ポイントを一覧にしたものです。2008年10月のスタート時は54・87点でした。アンケートは、すべてが5の評価の

社内風土アンケート調査

社内風土アンケート【社員用】

《あなた自身について》（当てはまる番号を記入）

部門	1：製造（第一・第二）	2：販売	3：仕入受注管理（パッケ・物流）	4：営業企画・通販経理	
役職	1：部課長	2：リーダー・店長		3：一般	

あなた自身の率直な気持ちをお聞かせください
5：強くそう思う　4：そう思う　2：そう思えないことも多い　1：そう思うことはない

《コミュニケーションに関する質問》

1	自部門・自店舗ではメンバー間の信頼関係が築けている	
2	自部門・自店舗は自由に意見を出せる環境である	
3	自部門・自店舗は「より良い」を目指し、改善提案・取り組みを行っている	
4	自部門・自店舗は、ルール違反や間違った行動に対し、指摘し合っている	
	※質問５は役職が「３：一般」の方のみご回答ください	
5	直属の上司は「働きがいのある職場づくり」に向けた努力をしていると感じる	

《経営計画の認識・理解度に関する質問》

6	中期経営計画達成に向けた自部門・自店舗の目標は明確である	
7	中期経営計画達成に向けた自分自身の役割は明確である	
8	中期経営計画達成に向けた個人の目標は明確である	
9	会社全体が中期経営計画達成に向け、活動していると感じる	
10	中期経営計画における自社の強みである「発酵の魅力」を理解している	

《目標達成の確認・評価に関する質問》

11	自部門・自店舗において自分自身の役割は明確である	
12	自部門・自店舗において個人の目標は明確である	
13	成果や能力に応じた公平・公正な評価を受けている	

《仕事満足度に関する質問》

14	船橋屋での今の仕事が楽しいと感じる	
15	船橋屋での今の仕事は能力向上や人生・社会経験としてお給料以上に得るものがある	
16	自社の強みに自信を持っている	
17	船橋屋の働く環境は良くなってきていると実感している	
18	今後も船橋屋で働きたいと思う	

19	半年を振り返り、会社・職場が良くなったと思うことを教えて下さい。（記述・回答任意）
20	船橋屋にとって改善した方が良い点を教えて下さい。（記述・回答任意）

ご協力ありがとうございました。

《コミュニケーションに関する質問》

1	自部門・自店舗ではメンバー間の信頼関係が築けている	
2	自部門・自店舗は自由に意見を出せる環境である	
3	自部門・自店舗は「より良い」を目指し、改善提案・取り組みを行っている	
4	自部門・自店舗は、ルール違反や間違った行動に対し、指摘し合っている	
	※質問５は役職が「３：一般」の方のみご回答ください	
5	直属の上司は「働きがいのある職場づくり」に向けた努力をしていると感じる	

《仕事満足度に関する質問》

14	船橋屋での今の仕事が楽しいと感じる	
15	船橋屋での今の仕事は能力向上や人生・社会経験としてお給料以上に得るものがある	
16	自社の強みに自信を持っている	
17	船橋屋の働く環境は良くなってきていると実感している	
18	今後も船橋屋で働きたいと思う	

組織活性化アンケート（全社平均）	
2008年10月	54.87点
2015年2月	72.87点
2015年8月	70.32点
2016年2月	73.23点
2016年8月	72.27点
2017年2月	73.37点
2017年8月	73.96点
2018年2月	73.17点

場合、１００点となります。２０１７年には、われわれが目標としている社内風土の７割程度を達成でき、その後キープしています。

この数字を見てどう思いますか。「幸せ」を価値基準にして経営していると言いながら、７割程度しか達成できていないのかと思う方もいるでしょう。

ぜひ勇気のある方は、私たちと同様の質問内容で、「社内アンケート」を実施してみてください。

おそらく、もっと低い点数が出るはずです。60点、50点、ともすると、40点以下も考えられます。

「船橋屋」がすごいと言いたいわけではありません。それくらい社員というのは、「本音」を明かさず、その「本音」というのは、組織のトップや、チームのリーダーたちが耳を塞ぎたくなるほど、辛辣なことも考えているということです。

社長に直接想いを伝える「手紙」

このようなアンケートを実施するメリットは2つあります。

まず、**社員たちが抱え込んでいる「不満」や、面と向かったら口にできない「愚痴」も知ることができます**。これらによって、私は「人財開発」の目標がどれくらい達成できているのか、どのあたりが不十分なのかということがわかるのです。

再三にわたり申し上げているように、人財開発の最大のポイントは、社員に「幸せ」を感じてもらうこと。その対極にあるネガティブな感情の数値化は、貴重なデータとなります。

もう一つのメリットが、**不満に耳を傾ける姿勢を皆に伝えることができる**ことです。

「社内アンケート」を定期的に続けていくことで、社員たちは「この会社は自分の話をちゃんと聞こうとしてくれている」と実感します。

もちろん、聞くだけでは、不十分です。浮かび上がった問題を解決するために、組織活性化プロジェクトチームが対応に当たります（２０４ページ参照）。

人知れず不満を抱え込んでいる人にとって、アンケートは、自分の正直な気持ちを誰に遠慮することもなく表現して、社長である私にダイレクトに伝えることができる、いわば「手紙」です。

不満を感じている人は、この「手紙」をしたためることで心の重荷が減り、多少なりとも救われます。本当にささやかですが「幸せ」を感じてくれるのです。

そしてその「幸せ」のやり取りは継続するべきだと考えます。

仮に私がアンケートを止めてしまったらどうでしょう。「手紙」が書けないわけですから、「会社に自分の気持ちを伝える」という機会がなくなります。

コミュニケーションは続けるからこそ意味があります。「自分の思うようなアンケート結果が出ないから」「結果が芳《かんば》しくなく、ショックを受けるから」と止めてしまっては、コミュニケーションを拒否することになり、社員からの信頼を失うだけです。

「信頼できる会社」をつくっていくためには、社員の声を拾い上げることを避けては通れないのです。

「気づき」を得られる貴重な「審判」

一個人にたとえればすぐにわかります。自分の話はやたらと饒舌《じょうぜつ》に喋《しゃべ》るのに、こちらの話になると耳を塞ぐ。そのような人を信頼できるでしょうか。

良い話にも、悪い話にもしっかりと耳を傾けてくれる、そのような「聞く姿勢」のある者でないと人から信頼されないのではないでしょうか。

あらゆる人財が集まる会社もまったく同じで、「聞く姿勢」がなくては「信頼される組織」にはなれません。

そのようなことを言っている私も、「アンケートを止めたい」と心が折れかけたことがあります。

社員やパートの方々に「幸せ」を感じ、楽しく働いてもらえるようにと、考えた末に作り上げた中期経営計画に対して、「よくわからない」「あまり効果がないと思う」などのダメ出しをされるのです。

また、「ここを直すべきだ」「このあたりが良くない」といった会社への文句もズバズバと書いてあるのです。

私は人格者でもなんでもないので、正直怒りが込み上げることがあります。「いったい誰だ、こんなことを書いたのは！」など匿名アンケートを実施している者としては、あってはならない感情が湧いたことも一度や二度ではありません。

ただ、そういう悔しい思いを我慢しながらも、1枚ずつアンケートに目を通していくと、やはり日頃のコミュニケーションでは得られない**「気づき」**があります。

たとえば、前回のアンケートで悪い結果が出たのを受けて、改善施策を打った項目は、点数も上がっています。また、部署ごとに抱えている問題の違いや、役職者ならではの考え方の傾向など、普段は見えないものが見えてくるのです。

稀《まれ》に耳を塞ぎたくなるような批判もありますが、なかには言われてみれば確かにそういう見方もあるのかもしれない、と考えさせられる意見も多々あります。

読んでみて、あまり気分のいいものではありませんが、組織運営やチームビルディングをする者にとって、その指針となる貴重なフィードバックが多く含まれているのもまた事実なのです。

「船橋屋」では年に2回、この「社内風土アンケート」を実施します。今でもこの季節になると、まるで「審判」を受けるような憂鬱な気持ちになります。

しかし、終わってみれば「気づき」が多いのも事実ですし、改善点が見えるので、「次はもっといい点を取るぞ」と気持ちが上向きます。

「社員に匿名で思っていることを書かせるなんて怖すぎる」と思うトップの方も多いと思いますが、批判の声に真摯に耳を傾けるということは、「信頼」を得るためには避けて通れません。普段言えないことを吐き出してもらう施策は、組織を活性化させるために、トップやリーダーがやらなくてはならない仕事なのです。

「共感力の形成」

「人の役に立ちたい」はフラットなチームから生まれる

仲間に共感しなければ、社会貢献する気持ちは芽生えない

さて、ここまで、社員を「幸せ」にする方法について、具体的な施策とともにご説明してきました。

社員に「自分が好き」（自己受容）を実感してもらうためには、ビジョンや経営計画をわかりやすく伝える工夫や、ビジョン発表会などの開催。そして、会社や仲間に対する「信頼」（他者信頼）を実感してもらうためには、「公平な評価制度」や「社内風土アンケート」というフィードバックが必要不可欠です。

ここまで達成できれば、「幸せ」を感じてくれる社員も増えてくるかもしれませんが、

あと一つ大事な要素が残っています。

それは**「他者貢献」**です。

「自分が誰かの役に立っている」「社会に貢献できた」と実感できると、人は「幸せ」な気持ちになります。ただし、「他者貢献」を人が実感するためには、絶対に必要なプロセスがあります。

それは、組織やチームの一員として、**「仲間たちと同じ思い、同じ目標を持つ」**ということです。

同じ景色を想像し、同じゴールを目指していない仲間に対して、「役に立ちたい」「貢献したい」という思いはなかなか芽生えてこないのではないでしょうか。

まずは仲間に「共感」することができなければ、心から誰かの役に立ちたい、仲間に貢献したという思いは湧き上がってこないのです。

そこで「船橋屋」が行なうのが、146ページでご紹介した「場の力をつくる」という「人財開発」の全体像の**「共感力の形成」**と**「一隅を照らす文化の醸成」**です。

具体的には、**多種多様なプロジェクトチームを立ち上げ、部門を横断してメンバーを編成し、共通するゴールを目指す。**さらに、このプロジェクトチームの活動を通して「共感力」を育み、一人ひとりが主役であるということを再認識してもらいます。

若手にプロジェクトリーダーを任せる

このような「プロジェクトマネジメント」は、いろいろな組織で行なわれています。ただ、「船橋屋」の場合、ほかにはない特徴があります。それは、部門を横断してメンバーが選出されるだけでなく、役職や年齢も関係なくシャッフルされる点です。

以前、発足したプロジェクトでは、販売部の入社5年目の社員がリーダーに選出されました。彼がチームの方向性を決めて、メンバーたちと協力をしながらプロジェクトを成功に導いていかなければいけない立場です。

この若手社員がまとめるチームのメンバーは、あらゆる部門から立候補した者が集まってきます。なかには、製造部の中堅社員もいれば、仕入管理部の幹部社員もいます。

このように、「船橋屋」のプロジェクトマネジメントでは、社歴の浅い若手がリーダー

■船橋屋流プロジェクトマネジメント

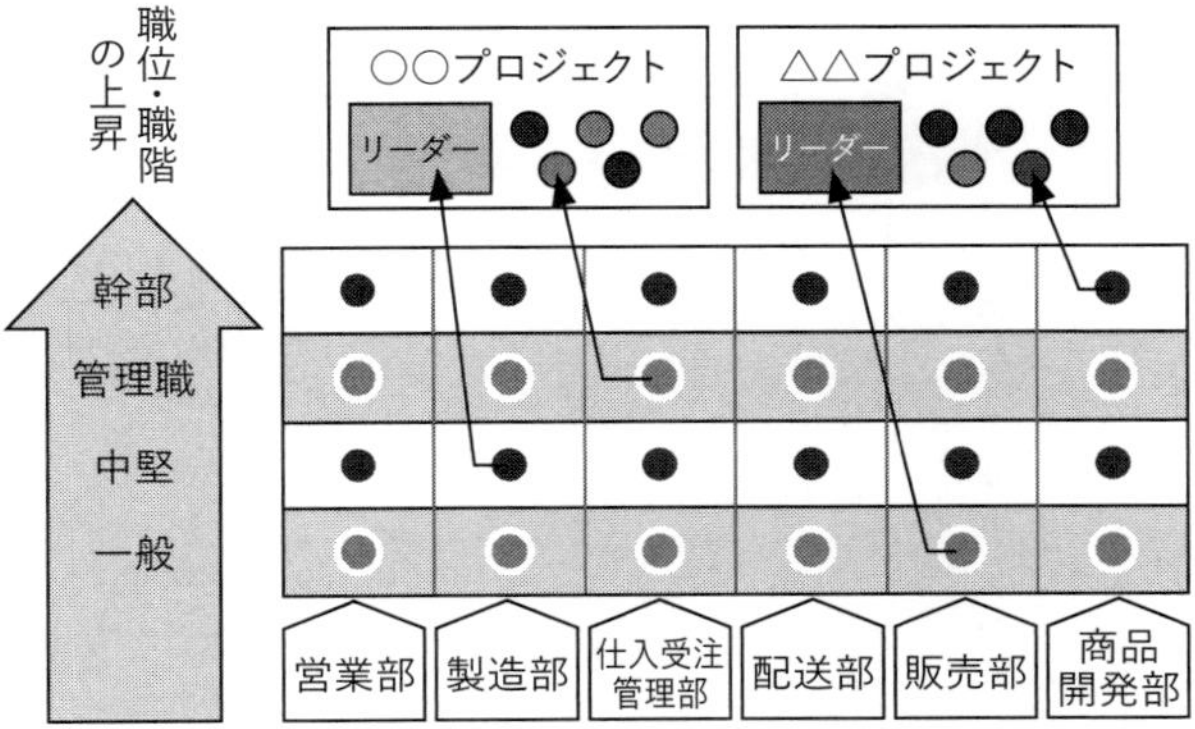

を務め、メンバーである先輩社員や幹部たちの意見を集約し、チームをまとめていく機会が少なくありません。

プロジェクトを成功に導くことが目的なら、経験豊富なベテラン社員をリーダーにしたほうが成功率は上がりそうです。しかし、あえて若手社員にリーダーを任せるのは、**「共感力」**を形成するためです。

日々の業務でも、各部門や同僚間でのチームワークや「他者貢献」を養うことは可能です。しかし、それは「部門」というチーム内に限定されるもので、役職、年齢、キャリアという序列に基づいたものです。

自部門における貢献も大事ですが、それだけでは組織全体への「共感」や「貢献」にはつながりません。

「プロジェクトチーム」の本当の狙いは、**部門間の「壁」を取り払い、役職、年齢、キャリアも関係なく、すべての人間をフラットに「仲間」として扱う場所をつくること**です。

日々の業務を離れて、一つの目的のために、部門も、年齢も、役職も異なる者たちが集まるわけですから、最初は、遠慮もあるかもしれません。しかし、皆がゴールを共有して、そのために何をすべきかを全員で考えていくうちに、幹部であろうと若手社員であろうと、同じフラットな目線を持つ仲間として、対等に議論をして、対等に意見を出し合うようになります。

そこから、「共感力」が育まれ、一人ひとりが「主役」であるということを再認識できるわけです。

プロジェクトが「業務」になる

部門や役職もバラバラのチームが、そんな簡単にまとまらないのではないかと疑心暗鬼になる方もいるでしょう。

ましてや、チームによっては、若手や中堅社員がリーダーの役割に就くわけですから、下手をすればプロジェクトが暗礁《あんしょう》に乗り上げてしまうのではないか、そう懸念する方もいるかもしれませんが、心配には及びません。

「船橋屋」ではこれまで複数のプロジェクトを立ち上げてきましたが、暗礁に乗り上げたものは一つもないのです。その理由は、次ページの図をご覧になっていただければ明白でしょう。

キックオフから15年以上経過して、現在も継続中のプロジェクトもあれば、プロジェクトから「業務」へと移行したものも少なくありません。

つまり、**プロジェクトをプロジェクトのままで終わらせていない**のです。

「社内プロジェクト」で、よく聞く問題の一つに、とにかくやたらと多くのプロジェクトが立ち上がるものの、その成果がよくわからないまま、なし崩し的に自然消滅してしまうケースが挙げられます。もしくは、社内イベントでプレゼンをしたり、プロジェクトの報告書を発表してチーム解散するというパターンが大半でしょう。

プロジェクトの進捗状況（2011〜2015年）

品質管理（ISO）プロジェクト	2001年11月キックオフ	継続
衛生管理プロジェクト	2003年 1月キックオフ	継続
組織活性化プロジェクト	2007年 5月キックオフ	継続
USP構築プロジェクト	2016年10月キックオフ	継続
イノベーションプロジェクト	2018年 4月キックオフ	継続

ブランディングプロジェクト	2008年 1月キックオフ	2010年5月業務へ移行
適正消費プロジェクト	2008年 9月キックオフ	2012年5月業務へ移行
可視化プロジェクト	2012年 1月キックオフ	2012年8月業務へ移行
2016中期経営計画プロジェクト	2012年11月キックオフ	2013年4月業務へ移行
ブランディングプロジェクト2	2015年 7月キックオフ	2016年3月業務へ移行
2019中期経営計画プロジェクト	2015年10月キックオフ	2016年4月業務へ移行

しかし、「船橋屋」のプロジェクトの考え方は違います。

社内のプロジェクトだからといって、期限を切って帳尻合わせ的な結論を出すことはありません。ゴール達成のためにすべきことを、チームで一丸となって徹底的に議論するため、当然、長期化することもありえます。また、その議論中に、「これは腰を据えて取り組む必要があるのではないか」という結論になれば、手法や環境を変えて、プロジェクトの一部として発展する場合もあります。

その一例が、２００７年5月にキックオフした「組織活性化プロジェクト」からスピンオフした**「組織活性化ＰＪ合宿」**です。

プロジェクトを継続していくうちに、若手・中堅社員たちが組織を活性化するにはどうすればいいかをもっと真剣に考えようということで、軽井沢の研修所を使い、日常から離れた緑深い場所で合宿を開始したのです。

私から「合宿でもしたら？」とは一度も言っていません。課題と真正面から向き合っているうちに、自ら「合宿」という方法にたどり着いたのです。

そしてこの「組織活性化ＰＪ合宿」は、「船橋屋」の定番行事となり、現在も自主的に運営されています。

「船橋屋」の「プロジェクト」は、業務に直結するものだからこそ、チーム全員が「仲間」として対等になれるのです。

リーダーになった若手や中堅も業務と同じくらいの熱意で一生懸命勉強をしますし、自分たちだけではわからないことは先輩たちに教えを請《こ》います。一方、幹部や管理職も若手に任せていればいいというものではないので、それこそ一兵卒としてチームを支えなくてはいけません。

このように、共通する目的のもとで、共通言語・共通認識を持って問題解決にあたっていくことで、「共感力の形成」が促進されて、**「皆が主役」**だと実感されていきます。

「一隅を照らす文化の醸成」

誰もが納得するかたちでMVPを決める

「新年会」で社員が涙を流す

「船橋屋」では「共感力の形成」や「一隅を照らす文化の醸成」という人財開発を、プロジェクトマネジメントだけに頼っているわけではありません。

すべての社員、すべてのパートスタッフが、共通の目的や認識を持って、共通言語で語り合い、一人ひとりがチームの一員として光輝くことで、「皆が主役」であると実感してもらう機会を提供しています。

その象徴的事例が**「新年会」**です。

2019年の新年会

そんなものはどこの組織にもあるじゃないかとお思いでしょう。

しかし、「船橋屋」の新年会というのは、皆さんがイメージするような「会社の飲み会」ではありません。

まず、パートスタッフを含むすべての社員にはスーツやドレスで目一杯のおしゃれをしてもらいます。ホテルの宴会場をお借りし、和食や洋食、中華などの料理が並ぶ、さながら結婚式の披露宴のような雰囲気のなかで行なわれます。

何も気取っているわけではなく、この日は「船橋屋」で働くすべての人たち一人ひとりが「主役」になる日だからです。

新年会が始まると、まず私から今年のビジョンを話します。次に、来賓の方たちからご挨拶をいただくまではどの会社でもよくある新年会です。

ところが、その後に始まるのが、**「表彰式」**です。

昨年を振り返って、部門や職種ごとに大きな貢献をした人、結果を出した人、長年尽力してきた人などを「年間ＭＶＰ」「店舗オブ・ザ・イヤー」「パート・オブ・ザ・イヤー」などと銘打ち、次々と壇上に招いて、私から賞状と金一封を渡していくのです。

誰が表彰されるのかというのはこの瞬間までわかりませんので、この「表彰式」はいつも大盛り上がりします。

名前を呼ばれて、飛び跳ねて大喜びする者、予想していなかったのか、思わずうれし泣きする者、大興奮でプレゼンターの私に思わずハグするパートの方もいます。

表彰者の皆さんから一言もらって、記念写真を撮っていきます。毎年、来賓の方たちも「とても老舗の新年会とは思えず、ベンチャー企業のパーティのようだ」とその熱気に驚かれています。

みんなが選ぶ「主役」だから不平・不満が出ない

表彰式が大盛り上がりだと述べましたが、何も表彰者だけが盛り上がっているわけではないのです。むしろ、本人よりも上司や同僚、後輩など周囲の人たちのほうが数倍も喜びを表現しています。

同僚として頑張っていた姿を誰よりも真近で見てきた。新入社員の時から成長していく姿をずっと見守ってきた。そのような周りの人間たちが、仲間が評価されたことを、自分のことのように喜んでいるのです。

たしかに表彰者という「主役」は一部の人たちですが、彼らの仲間たちもその喜びを「共感」することで、結局のところ、「皆が主役」となるのです。

では、なぜ表彰者以外の人たちまでこんなにも「共感」してくれているのかというと、そこには**「公平な評価制度」に対する信頼感がある**からです。

表彰者は私が好みや直感で選んでいるわけではなく、評価制度に基づいて、最終的には部課長の推薦で決まります。

誰もが納得する人、認めざるをえない働きぶりをしている人が選ばれているため、「なぜあの人が表彰されたのかわからない」「あの人よりも私のほうが表彰されるべきだ」といった不満が出ることはありません。

表彰されなかった人たちがこれほど大盛り上がりできるのは、「自分たちが承認した制度によって選んでいる」という能動的な意識が根底にあるからなのです。

みんなが選んで、みんなを表彰する。「みんなが主役」になれる日が、「船橋屋」の新年会なのです。

内定者も会社の一員

このような「主役化」の取り組みはほかにも多くあります。

たとえば、「船橋屋」では入社1年目、2年目の若手社員が中心となって、月1回、**「社内報」**を発行しています。毎月、部署や人にフォーカスを当てて、インナーコミュニケーションに役立てているのですが、そのなかでもビジョンや理念に沿った行動をしている人を**「月間MVP」**として発表しているのです。

また、内定した学生にも早くから「主役」であることを意識してもらいます。

彼らには内定後の初顔合わせと同時に2つのチームに分かれてもらい、**「商品開発研修」**として、ゼロから新商品を考え、3カ月後にそれを幹部の前でプレゼンしてもらいます。

他社商品のベンチマーク、ターゲット層の設定、原価計算を経て、試行錯誤を繰り返しながら実際に商品を作り上げていくという一連の流れを通じ、入社前にマーケティング意識とチームビルディングを学んでもらっています。

船橋屋の社内報

また、内定者には、1人につき先輩社員2人がついて入社までをフォローする**「内定者フォロー制度」**や、「船橋屋」のビジョンや考え方などについて学ぶ**「クレド研修」**などがあります。

内定者が主役の「商品開発研修」

こうした研修を経て、社会人としての心構えを持つと同時に、「船橋屋」のクルーの一員になる準備が整うのです。

「船橋屋」で行なわれている「人財開発」における具体的な取り組みは以上です。

もちろん、業種や会社の形態によって人財開発のスタイルはさまざまでしょう。しかし、成果が生まれるオーケストラ型組織になるために必要なことは、ここまでに述べた通りです。

この会社は、誰のために、なぜ存在するのか。この「Being経営」の基本的な考え方から外れることなく、この会社で働く人間が志を一つにする。それが「人財の成長」にもつながっていくのです。

Signpost

メンバー（社員）が幸せになる「Being経営」の道しるべ

□**社員から本音を引き出そう**

恐れず怖がらず、「アンケート」を実施する。その際に、「この会社で働いた印象」も聞く

□**「他者貢献」をしよう**

部門を横断するプロジェクトチームを発足する

□**「皆が主役」と感じられる機会を増やそう**

公平な評価に基づいたイベントや研修を企画・実施する

第6章

SNSも「ありのまま」で拡散!

「Be-ingマネジメント(経営)」のマーケティング

マーケティングの誤解

お客様は、幸せを感じたり、ライフスタイルが向上するものにお金を払う

マーケティングも「自分を知ること」から

「Be-ing経営」における組織づくりのプロセスを、「船橋屋」の人財開発メソッドとともに詳しくご紹介してきましたが、本章では、事業を実行していくうえで、どのような戦略を用いていくのか、「マーケティング」のお話をしていきましょう。

古典的なドラッカー理論から、最新のマーケティングの教科書まで、モノを売っていくためにはまず**「自分を知ること」**だ、と書かれています。

マーケット手法としてよく知られているのが、「SWOT分析」です。

外部環境や内部環境ごとに自社の強み（Strengths）、弱み（Weaknesses）、機会（Opportunities）、脅威（Threats）という4つのカテゴリーで要因を分析していく手法です。手に取れる商品であろうとも、実態のないサービスであろうとも、それを事業として世の中に打ち出していくうえで、自分の強みや弱みの分析は不可避なのです。

「Being経営」のマーケティングも例外ではなく、「自分を知る」ことを何よりも重視しています。

「Being経営」の根幹とは、「この会社が、誰のために、なぜ存在するのか」を徹底的に考え抜くことです。

そうすることで、商品やサービスを一人でも多くの方に知っていただく方法も見えてくるのです。

「売上」「利益」を目的とした施策はうまくいかない

私たちの事業である「くず餅」を、ＳＷＯＴ分析視点で見ると、じつは多くの**「弱み」**があることがわかります。

たしかに、「くず餅」は江戸時代から続く伝統和菓子であり、また和菓子唯一の発酵食品ということで、健康に資するという、ほかにはない特徴があります。さらに、熟練の職人たちが長い経験をもとにデータ化した製造方法による絶妙な餅の弾力感を有するので、他社がそう簡単に真似できないという独自性もあります。しかし、一方では、食品ビジネスとして致命的なマイナス要素があるのです。

ざっと羅列するだけでもこれだけあります。

・製造に約４５０日かかってしまう
・消費期限がわずか２日
・「亀戸天神のお土産物」というイメージが強すぎる

製造から販売まで大変な手間暇と時間がかかるにもかかわらず店頭に並べても、2日しか日持ちがしない。

食品ビジネスをするうえで、こんな大きなハンデはありません。

だからといって、私たちは効率良く生産するため、先人から受け継いできた仕込みの工程を変えたり、日持ちを長くするために、添加物を使用することはしません。

「ありのままの自然」を第一義にモノづくりをすることこそが、私たちが、最も大切にしていることだからです。

これはマーケティングにも当てはまります。

とにかく売上や利益という目標ありきで、さまざまな施策を打ったところで、ほとんどのお客様は動きません。なぜなら、**お客様は「商品」ではなく、その「商品を購入した後の幸せな気持ち」を買っている**からです。

マーケティングにおいては、商品購入の前後でお客様の幸福度やライフスタイルが向上する仕組みづくりこそが最も大切な要素となります。

SNSマーケティング①

老舗だからこそ、SNSを積極活用する

ツイッターインプレッション数37763%増!?

「船橋屋」のマーケティングは、すべてこのような考え方に基づいて戦略が組み立てられています。

最もわかりやすい例が、**「SNSマーケティング」**です。

「創業200年以上の老舗がSNS?」と意外に思われるかもしれません。しかし、「船橋屋」では2010年から、SNSマーケティングに注力してきました。

ＳＮＳを効果的に活用することで、「船橋屋」の存在すら知らなかった10代や20代という若い世代の方たちに、認知を広げることができました。

実際、ＳＮＳ戦略を実行する前後で数字に大きな変化が出ています。ＳＮＳマーケティングを実行する前、「船橋屋」の公式Twitter（ツイッター）のツイートがどれだけ見られたかを示す「インプレッション数」は月平均３万９６８６でした。しかし、実行した月には、１４９万３５４３と急増しました。その**増加率は３７６３％**となっています。

その間に、何か話題になるようなＰＲ動画を作ったわけでもありませんし、世間をアッと驚かせるような斬新なキャンペーンも仕掛けてはいません。

どうすれば私たちのＳＮＳによって、世の中の人に「幸せ」を感じてもらえるのか、ということを突き詰めていった結果、数字につながっただけです。

ネット通販だけでなく、実店舗の売り上げも上昇

いまや企業のマーケティングにおいて、ＳＮＳの活用は必要不可欠です。スマートフォンがこれだけ普及して、ＬＩＮＥ（ライン）やTwitterを使ったコミュニケーションが当

たり前になっているなか、ＳＮＳを軽視することはできません。

とくにネット通販を行なう企業にとって、ＳＮＳマーケティングを実行するかしないかで、売り上げには雲泥《うんでい》の差が出ます。

実際、「船橋屋」もそうでした。

私たちが公式Facebook（フェイスブック）を立ち上げた２０１１年から、ネット通販の売上が顕著に上がりました。自社サイトとＳＮＳの連動により、２０１１年の通販売上は**前年対比２０１・５％**、翌12年になってもその勢いは止まらず、**前年対比１２０・７％**となったのです。

この効果はリアル店舗にも及びました。店頭で「Facebookを見ました」というお客様の声が圧倒的に増え、客数や売上が拡大していったのです。

さらに、新規顧客の獲得にもつながりました。Facebookを利用するのは30〜40代男性が比較的多く、これまで「船橋屋」がリーチできていなかった顧客層に当たります。船橋屋のＳＮＳを通じて、家族や親戚へのお土産、あるいはビジネスで取引先などへの贈答品としての利用が目に見えて増えたのです。

SNS上で「フォトコンテスト」を実施

SNSという新たなツールによって、「船橋屋」の情報や、「くず餅」の魅力をお届けできることを実感した私たちは、SNSを使った情報発信を強化していきました。

まず、「船橋屋」のホームページに、Facebook、Twitter、google+（グーグルプラス）、さらにLINEなどのSNSアカウントを立ち上げました。

そこに加えて、広尾のカフェ「こよみ」、「船橋屋コレド室町店」などの店舗ごとのアカウントを開設するほか、Instagram（インスタグラム）も整備しました。

個々のSNSは「連動」させることが可能です。

たとえば、Instagramに投稿した内容をFacebookやTwitterに連動させておけば、1回で複数のSNSに投稿することができます。

また、Instagramは写真がメインのSNSで、文章もほとんど必要ありませんので、SNS更新担当者が別の仕事をしながらスマホで手軽に投稿ができるのです。

▍ソーシャルメディア利用者

	Facebook	Twitter	LINE	Instagram
国内 月間アクティブ ユーザー数	2,800万人	4,500万人	7,000万人	2,000万人
国内 月間アクティブ率	56.1%	70.2%	96.6%	84.7%
グローバル 月間アクティブ ユーザー数	20億人	3億2,800万人 ※日本を含む	2億1,700万人	8億人
属性	20代〜40代	10代〜20代	どの年代も 幅広く利用	10代〜20代
情報	総合的・ 情報量多	総合的・ 情報量少	総合的・ 情報量少	写真特化
特徴	世界を代表するSNS 国内・海外共にユーザー数・月刊アクティブ率は増加傾向。ビジネスページ増加。	国内・海外共に若年層へのプロモーションに最適。特に日本では月間アクティブ率が7割を超え、利用頻度が高まっている。	驚異のアクティブ率。注意が必要なのは非常にアクティブ率が高いため、配信頻度が多いとブロックされる危険性がある。	10代〜20代を中心とした女性の日常生活の一部化。
繋がり	実際の友達・仕事関係 ある程度面識がある人が多い	実際の友達・共通の趣味を持ったオンライン友達 面識がない人も多い	仲の良い 実際の友人 が中心	仲の良い 実際の友人 が中心

（アクティブユーザー数・アクティブ率 / ソーシャルメディアラボ　2017 年 11 月データ）

船橋屋のSNS戦略

こうして、ＳＮＳの体制を強化していくことで、「船橋屋」の情報発信ができたことはもちろん、双方向というＳＮＳの特性を生かして、お客様とのコミュニケーションも活性化されました。

「お店でこんな対応をしてもらい嬉しかった」「こう改善してくれると、もっとありがたい」といった「リアルな声」を聞かせていただけることも。かのドラッカーはマーケティングにおいて最も大切なことは、「組織の外の世界」で起きたさまざまな情報を、フィードバックしていくことだと説きましたが、われわれにとってSNSは、まさしくお客様からのフィードバックという役割を果たしてくれているのです。

もちろん、フィードバックだけではなく、お客様がワクワクしながらコミュニティに参加してくださることも重要です。たとえば、InstagramやTwitterで**「フォトコンテスト」**を開催。ハッシュタグをつけて投稿してくれた画像や動画のなかから優秀賞を選んで、賞品をお届けするようなこともしています。

昨年は、家族の夏の思い出を残してもらえるように、「夏」と「くず餅」をテーマにフォトコンテストを開催。多くの応募をいただいてとても盛り上がりました。

SNSマーケティング②

若者には商品をPRしない

インプレッション数1400万回超えの「Twitterドラマ」

ここまでご紹介してきたSNSマーケティング施策は、どちらかといえば、「船橋屋」や「くず餅」をすでにご愛顧いただいている方たちとの「つながり」をより強固にさせるものです。

これに対し、10代や20代という若いお客様に「くず餅」の魅力を知っていただきたいという思いから一人でも多くの方に「船橋屋」に触れる機会をつくり、情報拡散していただける施策をスタートさせました。

Twitterドラマ第1作『家族になれたら』

QRコードより
ご覧ください
↓

その第1弾として行なったのが**「Twitterドラマ」**です。

これは文字通りTwitterで連続ドラマを配信する、という新しい試みです。

その第一作が『家族になれたら』。「船橋屋」を舞台にした家族ドラマです。

東京下町の老舗くず餅屋「船橋屋」の一人娘が家を飛び出し、5年ぶりに結婚相手を連れて戻ってくる。そこから始まる父と娘、そして婚約者を軸に家族の絆を描いているのです。本店はもちろん、工場まで登場して、撮影には社員も協力しています。

そんなTwitterドラマを1話2分間で全10話

を1カ月に亘って「船橋屋」の公式アカウントとキャストアカウントで配信したところ、総インプレッション数が、**770万1720回**と爆発的な情報拡散につながりました。

フォロワー数の多いキャスト、アーティストを起用

なぜそこまで「拡散」することができたのか。これには綿密に裏打ちされた戦略があります。そのポイントは2つ。

まず、1つ目のポイントは**「出演者や主題歌アーティストの拡散力」**です。

このドラマの主演は、「天才てれびくん」などで子役時代から活躍し、今はYouTuberとしても大人気のてんちむさん、そして相手役には、劇団EXILEのメンバーとして大活躍中の八木将康さん、そして、北野武、三池崇史、園子温など日本を代表する映画監督の作品に数多く出演するベテラン俳優、渡辺哲さんが出演されています。

主題歌を提供してくれたのは、女の子の言葉にできない本音をテーマにした歌詞で若者

から絶大な支持を受けている、４人組ロックバンド「ミオヤマザキ」。このように、実際のテレビドラマであってても、おかしくないほどの豪華なキャストですが、Twitterドラマにおいて重要な要素はもう一つあります。

それが、２つ目のポイント**「出演者やアーティストのフォロワー数」**です。

Twitterドラマは、公式アカウントや、「船橋屋」のような協力企業だけではなく、出演者や主題歌を提供したアーティストのアカウントでも配信します。

つまり、これらのフォロワー数を合算していけば、視聴者の総数が把握できるのです。

たとえば、『家族になれたら』の配信時（２０１７年12月時点）のミオヤマザキのフォロワーは約11・５万人です。さらに、ドラマ出演者のフォロワーがそれぞれ10万人、５万人など合わせて約20万人のフォロワーがいたとしましょう。すると、このTwitterドラマには確実に32万人もの視聴者がいるということです。

ここに、Twitterの最大の特徴である「拡散」が加わります。

ＳＮＳにも媒体によって特徴があり、「拡散」の向き不向きがあります。

ＬＩＮＥは基本的に「グループ」のなかで連絡をとるためのツールなので、不特定多数の人へ情報発信することには不向きで、口コミを起こすのには時間がかかります。また、Instagramは写真がメインですので、写真のクオリティが高ければ、「ハッシュタグ（＃）」で情報は広がりますが、拡散機能はありません。

そこで、やはり「拡散」という面ではFacebookとTwitterが有効になるのですが、Facebookは基本的に実名を前提としており、「顔の見える相手」とのコミュニケーションとなりますので、拡散に向かないケースも多くあります。

その点で、Twitterは違います。

「匿名ユーザー」が多く、共通の趣味などで不特定多数の人間と無数につながることができます。ある意味「開かれすぎた世界」であり、そのために炎上リスクなどのマイナス面も生じてしまうのですが、やはり「拡散」という点では、４大ＳＮＳのなかでは最適のメディアと言えます。

では、Twitterにはどれくらいの「拡散力」があるのでしょうか。おもしろいニュースや画像、さらに動画は、視聴したユーザーが自分のフォロワーにも情報を広げていくことがよく知られていますが、この広げる先の人数は、ある調査では一人当たり平均３００人程度ではないかと見られています。

つまり、あくまで理論上ではありますが、このTwitterドラマは、**32万人×300人＝9600万人**もの視聴者のもとに届けられたということになるのです。

しかも、それぞれの出演者がドラマとは別に、「くず餅」を食べている写真などを投稿してくれたので、これが決して大袈裟な話でないことは、驚くようなインプレッション数が雄弁に物語っています。

ドラマの評価が「船橋屋」への好奇心に変わる

このTwitterドラマでは、「くず餅」はほとんど出てきません。

そこまで多くのフォロワーを擁《よう》して拡散力のあるアーティストや出演者を起用するのなら、ドラマなどまどろっこしい手段ではなく、ストレートに「船橋屋」や「くず餅」の魅力を伝えるプロモーション映像を作って配信したほうが、もっと爆発的に拡散されたのではないかと考える方もいらっしゃるかもしれません。

しかし、もし私たちが、そのようないかにも「広告」というような手法をとっていたら、ここまで「拡散する」ということはなかったはずです。

今回、ドラマ配信後に「船橋屋」や「くず餅」について拡散してくれたユーザーの方のツイートを見ると、「ドラマもおもしろかったし、キャストが食べていた『くず餅』がすごく美味しそうだった」「ドラマに登場した『船橋屋』に行ってきました」など、ドラマへの評価や関心が、舞台となった「船橋屋」や「くず餅」への好奇心に自然に結びついてくれているのです。

企業が動画を制作するというと、商品やサービスをＰＲするような内容のものが一般的ですが、このような「宣伝臭」の漂う動画は、若い人たちは決して楽しんでくれません。露骨に企業がサービスや商品をＰＲするような動画は、テレビＣＭとなんら変わりませんので、見ていてもおもしろくないからです。

いわゆる「広告動画」ではなく、純粋に若い人たちが見たいような人気のあるキャスティングで、エンターテインメントとしてもちゃんと成立するドラマをお届けする。そして、それを純粋に楽しんでいただくことによって、「船橋屋」の存在も知ってもらう。それがTwitterドラマを続けている理由です。

単なる「ｗｅｂプロモーション動画」だったら、こうした反応はなかったでしょう。

ミオヤマザキやてんちむさんのフォロワーの方たちからすれば、「船橋屋」や「くず餅」は、彼らを広告に起用した老舗和菓子屋であり、それ以上でもそれ以下でもありません。

もしかしたら、プロモーション映像をご覧になって、興味を持ってくださる方もいるかもしれませんが、自然と「船橋屋のくず餅」に向かう好奇心へと結びつくようなものではありません。興味のない方たちに、ミオヤマザキやてんちむさんという方たちの力を使って強引に関心を引く、という「不自然」なことをしているからです。

このあたりの違いは、一般の視聴者の気持ちになればよくわかっていただけるはずです。大好きなアーティストやモデルが出ているエンタメ作品と、大好きなアーティストやモデルを起用したCMや広告を目にした時にどちらが「ワクワク」するでしょうか。前者であることは言うまでもありません。

「誰を幸せにするか」をまず考える

何度も申し上げますが、私は判断に迷うことがあれば、どちらが「ワクワク」するかによって、進む道を決めます。

これは建前的な考えや理想論からなどではなく、「成果」に結びつくからです。

ＳＮＳマーケティングも「人」にフォーカスすれば、この構図とまったく変わりません。

どんなに素晴らしいプロモーション映像を作って、「船橋屋はすごい！」「くず餅は美味しい」と、拡散力のあるアーティストやモデルさんに言っていただいたところで、たいし

▌Twitterドラマ第2作『ふたりぼっち』

QR コードより
ご覧ください→

た「成果」には結びつきません。

フォロワーの皆さんに質の高いエンターテインメントでワクワクしていただければ、「ドラマの舞台になった老舗和菓子屋への好奇心」という「成果」が自然と出るものなのです。

この考え方は、今年2月に配信されたTwitterドラマ2作目の『ふたりぼっち』でもまったく変わっていません。

舞台は、姉妹ブランドである「船橋屋こよみ」。永井理子さん、バンダリ亜砂也さん、中島健さん、高橋文哉さんという若手俳優の皆さんに出演していただきました。本作は前作以上に大きなインパクトとなり、インプレッション数は前作の倍の1400万回となり、大成功を収めたのです。

Signpost

メンバー(社員)が幸せになる「Being経営」の道しるべ

□身の丈に合ったマーケティング戦略を練ろう

弱点を解決しようとせず、まず受け入れる。お客様の幸福度の向上を目的とした施策を模索する

□顧客層の新規開拓をしよう

SNSをフル活用して、10代~30代に向けてアプローチする

□商品ではなく、ストーリーを売ろう

流行を追うより、どうすれば共感してもらえるか、ワクワクするかを考える

第7章

先祖代々受け継がれてきた樽の中から「くず餅乳酸菌®」!!

「Being マネジメント(経営)」のイノベーション

イノベーションの条件①

本業への回帰から、挑戦が始まる

イノベーションの種は、「自社のリソース」にあり

ここまで、「Ｂｅｉｎｇ経営」のビジョンや経営理念、人財開発などの組織論、そしてマーケティングというお話をさせていただきました。

この本を最初に開いた時と比べると、建前や理想論ではなく関わるすべての人の「幸せ」を第一義とすることが、企業にとっていかに重要なのかがご理解いただけたのではないかと思います。

そこで最後に、「Ｂｅｉｎｇ経営」に限らず、会社の成長になくてはならない要素についてのお話をして、本書のまとめとさせていただきます。

それは、**イノベーション**です。

どの企業、組織でも、時代の変化に逆らうことはできません。その時代の大きな変化に対応して、企業も「進化」をしなくてはいけないというのは自明の理です。

ドラッカーが「企業の目的が顧客創造である以上、企業の基本的な機能はマーケティングとイノベーションの2つしかない」と断言したように、イノベーションなくしては企業というものは成立しません。

これは「Being経営」においてもまったく変わりません。時代の変化によって、「幸せ」の形は変わりますが、どの時代においてもイノベーションは必要不可欠なものです。

では、どうすればイノベーションは生まれるのか。

ここまでお読みになって「Being経営」についての理解が深まった読者の皆さんならば、なんとなく答えも予想できるのではないでしょうか。

そう、**「自社のリソース」と徹底的に向き合う**のです。

イノベーションの種は何も新しい発明の中だけにあるのではなく、既存の商品やアイデイアに新しい価値や用途を見つけることからでも生まれます。

「自社のリソース」を掘り下げながら同時に外の世界からのフィードバックに真摯に耳を傾けていくうちに、新たな可能性に気づき、その気づきを重ねていくうちに、自然とイノベーションに繋がっていくのです。

健康長寿に寄与する「くず餅乳酸菌®」の発見

実際、「船橋屋」はそのようなプロセスで、自然の流れで新たなイノベーションを生み出すことに成功しています。

それが、**「くず餅乳酸菌®」**です。

「序章」で少し触れましたが、「船橋屋」の「くず餅」には、植物性ラクトバチルス乳酸菌が豊富に含まれており、これを摂取することで、腸内の「善玉菌」の割合が改善することが判明しています。

私たちはこれを「くず餅乳酸菌®」と名付けて、2018年夏に**「くず餅乳酸菌®入りのかき氷」**、健康管理に関心の高い方へ向けて、**「くず餅乳酸菌®REBIRTH」**というサプリメントを発売。2019年3月からは、ホテルニューオータニとコラボしたくず餅乳酸菌®入りスイーツやベーカリーが続々完成しています。

今後は、一般のお客様でも食べやすい形のゼリータイプのドリンク、各商品への配合、さらには無添加化粧水なども開発すべく、その準備を進めています。また、現在、表参道に「Good Aging」をテーマにした店舗の開発も進めています（2020年2月オープン予定）。この店舗で扱うメニューには、すべての商品にくず餅乳酸菌®を配合したいと考えています。

それではここで「自社のリソース」の掘り下げと外の世界からのフィードバックにより、私たちがいかにしてイノベーションの柱である「くず餅乳酸菌®」にたどり着いたのか、その経緯をお話ししていきましょう。

イノベーションの条件②

「お客様の声」に耳を傾けてみる

社員も気がつかなかった「思わぬ効用」

オーケストラ型組織になるための人財開発を着々と進めていた2007年頃から、「船橋屋」の社内でもイノベーションの必要性を指摘する声が多くなり、本格的なプロジェクトもスタートしました。

徹底的な議論や問題共有を経て、私たちが見つけ出した答えは、『『くず餅』の新しい価値を創造する」ことでした。原点に立ち返り「くず餅」の歴史的成り立ちや特性を調べ上げているなか、思わぬ発見が得られたのは、**「お客様の声」**からでした。

「うちの祖母は昔からくず餅を食べているからか、90歳になっても健康でまったく病気になりません」

「病気の後でずっと体調が悪かったけど、くず餅を食べていたら元気になりました」

というように、じつに多くのお客様が、くず餅を食べると調子が良いとおっしゃるのです。

そこで、研究機関にあらゆる角度から成分を検査してもらったところ、「くず餅」の原料である小麦でんぷん発酵物より13種類の乳酸菌が発見され、そのうちの一つ、ラクトバチルスパラカゼイを「くず餅乳酸菌®」として抽出、培養したのです。

このラクトバチルスパラカゼイというのは、近年発見されたもので、世界的にも注目を集めています。さらに植物性乳酸菌ということで、ヨーグルトなどの動物性乳酸菌よりも酸に強いため、小腸までより届きやすいという特徴があります。乳アレルギーの方でも摂取でき、整腸効果はもちろんのこと、免疫力アップ、さらには抗アレルギー、美肌やダイエットなど、さまざまな効果があると期待されているのです。

また、「くず餅乳酸菌®」には、乳酸菌の菌体のみならず、菌が放出する**「乳酸菌生産**

物質」がまるごと凝縮して入っていることも特長の一つです。乳酸菌生産物質は、特定の保健効果に限定されず、人体に総合的に働きかけます。その機能性の基盤となっているのが、腸内フローラを改善させると同時に腸管免疫を介して疾病に直接作用する「バイオジェニックス」といわれる考え方です。

実際に、私たちの「くず餅乳酸菌®」を3カ月間摂取した8名の方の腸内環境を検査したところ、摂取前後で、腸内環境のバランスを崩すいわゆる「悪玉菌」が顕著に減少しました。「ここまでの結果が出ることはなかなかない」と検査を担当した医療関係者の方も驚いていたほどです。

このように、「くず餅」の驚くべき機能性に気づくことができたことで、イノベーションは一気に加速しました。

「求めるものは　目の前にある」

イノベーションというものが、もがいて新たなるものを見つけるのではなく、「自社のリソース」と徹底的に向き合うことによって生まれるということがよくわかっていただけたかと思います。

人は欠乏感による「もっともっと」を求めると、遠くにある理想の姿ばかりを追い求め混乱します。しかし、変化の鍵は、じつはすぐそばにあるのです。

これは、不変の真理です。世界の誰もが知るエンターテインメント作品『スター・ウォーズ』に登場するジェダイマスターのヨーダが、弟子であるルーク・スカイウォーカーにこんなことを言っています。


「地平線ばかりを見るな　求めるものは　目の前にある」

（『スター・ウォーズ　最後のジェダイ』）


イノベーションの芽は今の自分にないもの、足りないものを血眼《ちまなこ》になって探し回るようなものではなく、驚くほど身近、すなわち「自分」の目の前にあるのです。

原点回帰

自社の歴史を語れるか

のれんを守り続けた五代目妻

イノベーションの種を見つけていくプロセスで最も大切なことを、「お客様の声」とともに気づかせてくれた、もうひとつの大きな存在があります。

それは、渡邊みえ。私の曾祖母にして、「船橋屋」五代目夫人です。

今回、「くず餅」の魅力を再発見しようという試みのなかで、あらためて「船橋屋」の歴史を振り返ってみました。２００年を超える歴史のなかで、もはや存続することができないというような「危機」がいくつかあったのですが、それを乗り越えることができたのは、曾祖母・みえがいたからです。

明治42年（１９０９年）、18歳にして「船橋屋」に嫁ぎ、五代目・渡邊房太郎の妻となったみえは、二人の娘に恵まれたが、その幸せは長く続きませんでした。８年後に、房太郎が結核で亡くなってしまうのです。

一人残されたみえは、二人の娘を育てながら、「船橋屋」ののれんを守らなくてはいけなくなりました。

毎日、職人たちと一緒に汗だくになりながら、くず餅を作り続けたみえでしたが、さらに試練が立ち塞がります。大正12年（１９２３年）の関東大震災です。みえを中心に社員たちの努力で、がれきの山のなかからどうにか「船橋屋」を再興することができましたが、その苦労は筆舌に尽くしがたいものがありました。

やがて、長女・章子が結婚して、六代目を婿養子として迎えることができ、ようやく一息つくことができたみえでしたが、またしても大きな悲劇が襲います。

ほどなくして、章子が３人の幼な子を残し、赤痢《せきり》で亡くなってしまうのです。悲しみに打ちひしがれながらも、またしても「船橋屋」ののれんを守らなくてはいけなくなったみえは、取り乱したい気持ちを必死に抑えて、自分の姪・菊子に六代目の後妻になってくれるよう懇願をしました。信頼のできる親戚に、長女が残した子供たちを、そして、最愛の妻を亡くして悲しみに暮れる六代目を支えてもらいたかったのです。

戦争を生き残った「原料」があるから、今がある

こうしてどうにか「船橋屋」を守り続けるみえでしたが、東京・亀戸も、太平洋戦争という暗い影に徐々に覆われていきます。そして、「船橋屋」が消失したあの日が訪れました。

昭和20年（１９４５年）３月10日未明の東京大空襲です。

米軍のＢ－29戦闘機３００機が10万発以上の焼夷弾《しょういだん》を東京に落とし、下町はすべて焼け野原になりました。「船橋屋」も例に漏れず、跡形もなく焼け落ちてしまいました。しかし、みえが懸命に守ったあるものによって、「船橋屋」は戦後の焼け野原から奇跡的に復活することができました。

それは、くず餅の原料である**「発酵小麦でんぷん」**です。

空襲直前に命を省《かえり》みず、高さ、直径ともに1メートル半程度の大樽に水を張り、土をかぶせたみえの気転により、焼け跡からかろうじて残った原料が船橋屋を救いました。

そして、あれから70年余を経て、みえが必死に守ったその「発酵小麦でんぷん」のなかから「くず餅乳酸菌」が見つかったのです。

激動の時代を生きたみえは、何が本当に大切なのかを充分理解していたのです。「くず餅」で人を「幸せ」にする――、そのことだけを必死で考え続けてきたことが、彼女の人生のすべてでした。

みえのこの想いは、六代目の祖父、七代目の父を経て、社訓として今に受け継がれています。

「売るよりつくれ」

売る手段ありきではなく、まずは良いものをつくれという意味ですが、この「つくれ」を現代的に解釈するのであれば、**「くず餅を通じ、関わるすべての人の幸せをつくれ」**ということになるでしょう。

この社訓がベースとなり**「くず餅ひと筋まっすぐに」**という経営理念が生まれ、現在の船橋屋の魂となっているのです。

「理念」を軸に回り続けるコマになる

永続する企業とは、**「高速で回り続けているコマ」**です。

それは、まるで止まっているように見えますが、回転するには、ブレない「軸」と回転させるだけの遠心力がなくてはいけません。この軸が理念やビジョンであり、遠心力が組織力になります。

本書は、「船橋屋」を例にして、そのようなコマの回し方をお話ししてきました。徹底的に「自分」と向き合うということで、揺るぎない理念やビジョンという「軸」を生み出す。そして、それをすべての社員に理解・共感してもらい、「幸せ」を基準においた人財開発による組織づくりをすることで、遠心力を生み出していく。

大切なのは、決して「自分の軸」を見失わないことです。遠くの地平線ばかりを眺めて、「ああなりたい」「こうなりたい」と欠乏感にフォーカスした目標を掲げて苦悩するのではなく、自分と向き合い、「今、ここ」に意識を集中してください。

「Being」という状態に組織がたどり着けば、努力や頑張りを強要し、社員をコントロールしなくとも自ずと道は拓けてきます。

苦悩と不安を抱えたリーダーは「自分」の存在をあるがままに受け入れ、こうつぶやいて欲しいのです。

「これでいいのだ」

それが「Being経営」の第一歩です。

なぜあなたが理想の経営、理想のリーダーというものを追い求めても、なかなかそこへ到達しないのかというと、もともとそんなものはどこにも存在しないからです。

大切なことの答えは、すべて「自分」のなかにあるのです。

Signpost

メンバー（社員）が幸せになる「Being経営」の道しるべ

□**イノベーションの種を見つけよう**

他所《よそ》を羨《うらや》むのではなく、「何か武器になるものはないか」と足下を見る

□**自分では気づいてない強みに目を向けましょう**

常識にとらわれず、お客様の声（客観的な意見）を参考にする

□**会社の軸を定めよう**

自社の歴史をひもとき、現在と変わらないところ、変えていないところを見つける

おわりに

最後までお読みいただき、ありがとうございました。

もっと成果を、もっと成長を、という欠乏感にフォーカスした拡大ありきの目標を目指すのではなく、今、目の前にいる人の「幸せ」にこそ重きを置く組織運営「Being Management（経営）」――。

最初にページをめくった時は、そんな綺麗事ばかりで組織をまとめることなどできるわけがない、と半信半疑だった方も多かったと思います。しかし、ここまでお読みいただければ、これが理想論や机上の空論などではなく、きわめて自然で、きわめて理にかなった実践の話であることが、ご理解いただけたのではないでしょうか。

本書でご紹介した理論を正しく実践していただければ、皆様の組織も「Ｂｅｉｎｇ経営」で「幸せのサイクル」を回していくことができるということなのです。

ただ、そこで注意していただきたいことがあります。じつは「Ｂｅｉｎｇ経営」を実践するうえでなくてはならない大切なことが一つあるのです。

それは**「素直な心」**です。

これは松下幸之助翁が、人間が最も好ましい生き方を実現していくため、根底になくてはならない大切なものとして挙げたもので、その詳細について幸之助翁は以下のように言い表しています。

「素直な心とは、寛容にして私心なき心、広く人の教えを受ける心、分を楽しむ心であります。また、静にして動、動にして静の働きある心、真理に通ずる心であります」

（松下幸之助著『松下幸之助の哲学』ＰＨＰ研究所）

この心を持つことで、人間本来の広い愛の心、慈悲心が働いて、寄り添い幸せに生きてゆくことができる。一方、この「素直な心」を欠いて自然の理法から外れてしまうと、経営はおろか、人生もうまくいかない、ということをおっしゃっています。

これは「Being経営」にもそのまま当てはまることなのです。

これまで繰り返しお話をしてきたように、「Being経営」はたんなる組織運営や経営論などではありません。人間らしく生き、幸せを目指していくための「叡智《えいち》」という表現のほうが近いかもしれません。

ですから当然、ロジックや手法という表層的なところをなぞっているだけではうまくいきません。深く自分自身と向き合い、「ありのまま」を受け入れる。だからこそ「素直な心」が必要不可欠なのです。

私たち「船橋屋」が「Being経営」を構築することができたのは、すべてのスタッフが、この「素直な心」を大切に持ち続けてくれていたからだと私は考えています。

今、「船橋屋」は、幸之助翁が「素直な心」を持つことで実現できると述べた、人間が本来持つ慈悲の心が働き、皆がともに明るく幸せに生きるという方向へ着々と歩みを進めています。

象徴的なものが、ＳＤＧｓ（Sustainable Development Goals）への対応です。

ＳＤＧｓとは「持続可能な開発目標」のことで、２０１５年９月、国連サミットにて17項目の開発目標が採択されて以降、世界中で積極的に進められており、日本国内でも多くの取り組みがなされ始めています。

そのＳＤＧｓを「船橋屋」も現在、さまざまな形で進めています。ただ、そもそも「持続可能」というのは、私たち老舗企業が当たり前に続けてきた「三方よし」に近い考え方ですので、「これまで続けてきたことをさらに強化している」と言うべきかもしれません。

いずれにせよ、ＳＤＧｓという取り組みが活発になってきているということは、それだけ、「素直な心」で自分と真摯に向き合い、ありのままを受け入れて、なすべきことをするという当たり前の大切さに、ようやく世界が気づき始めたのではないでしょうか。

そして、人間としてまだまだ未熟な私が、ここまでやってこられたのは、「素直な心」があったがゆえ、周囲の皆様からの教えや手助けを素直にありがたく頂戴し、つねに自分と向き合ってきたから、だと思っています。

南インドでの心の授業にお誘いいただき、経営者として、いや人としてのあり方を学ぶ機会をくださった、『世界中の億万長者がたどりつく「心」の授業』(すばる舎)の著者である、ナミ・バーデンさんと河合克仁《かつひと》さん、「くず餅乳酸菌®」の研究開発に8年前から携わってくださっている辻クリニックの辻直樹院長、人財育成において、さまざまな角度からご指導をいただいているアッシュ・マネジメントの小川晴寿さん、アテナースの岡部明美さん、コミュニケーションエナジーの湯ノ口弘二さんには、この場をお借りして、日頃の御礼を述べさせていただきます。

本書を執筆する上では、PHP研究所の大隅元副編集長にも多大な示唆やアドバイスを頂戴しました。また、以前より大ファンであり、「カンブリア宮殿」に出演させていただいたご縁から、推薦文を寄せてくださった村上龍氏。身に余る光栄です。ありがとうございました。

ほかにも、ここでご紹介できないほど多くの方々にご協力をいただきました。厚く御礼を申し上げます。

最後に、私にこの素晴らしい会社を任せてくれた六代目祖父と七代目父、さらに214年間さまざまな困難を乗り越え、今にのれんを受け継いでくれた先人たち、いつも支えてくれる家族、私と一緒に、「幸せ」「ワクワク」を追い求めてくれる会社の仲間たち。そして何よりも何代にも亘り、「船橋屋」を愛して下さっているお客様に心からの感謝の気持ちをお伝えして、本書の結びとさせていただきます。

これまで、本当にありがとうございました。

2019年5月

船橋屋　八代目当主　渡辺雅司

くず餅乳酸菌®研究情報

https://www.kuzumochi-lab.or.jp/
詳しくは研究所ホームページを
ご覧ください。

くず餅乳酸菌研究所
ウェブサイトはこちらから
↓

〈著者紹介〉
渡辺雅司（わたなべ・まさし）
（株式会社船橋屋　代表取締役八代目当主）
1964年、東京都江東区亀戸に生まれる。立教大学卒業後、三和銀行（現・三菱UFJ銀行）に入行。1993年に家業を継ぐために「元祖くず餅船橋屋」に入社。2008年、八代目当主に。以降、老舗の伝統を守りつつさまざまな組織改革で、若い女性などファン層の拡大に成功。増収増益を続ける。近年は、「くず餅乳酸菌®」による新商品開発などイノベーションを次々と起こす。また、全国各地に赴き、組織改革や人財育成について講演活動もしている。

Being Management

「リーダー」をやめると、うまくいく。

2019年5月30日　第1版第1刷発行

著　者　渡辺雅司
発行者　後藤淳一
発行所　株式会社ＰＨＰ研究所
東京本部　〒135-8137　江東区豊洲5-6-52
第二制作部ビジネス課　☎03-3520-9619（編集）
普及部　☎03-3520-9630（販売）
京都本部　〒601-8411　京都市南区西九条北ノ内町11
PHP INTERFACE　https://www.php.co.jp/

組　版　株式会社PHPエディターズ・グループ
印刷所　株式会社精興社
製本所　株式会社大進堂

ISBN978-4-569-84300-1